박미정의 우리아이 성장백과

박미정의
우리 아이 성장 백과

2022년 02월 16일 초판 01쇄 인쇄
2022년 02월 23일 초판 01쇄 발행

지은이 박미정
본문 일러스트 김혜원

발행인 이규상 편집인 임현숙
편집팀장 김은영 책임편집 이수민 교정교열 김화영
디자인팀 최희민 권지혜 두형주
마케팅팀 이성수 송연화 김별 김능연
경영관리팀 강현덕 김하나 이순복

펴낸곳 (주)백도씨
출판등록 제2012-000170호(2007년 6월 22일)
주소 03044 서울시 종로구 효자로7길 23, 3층(통의동 7-33)
전화 02 3443 0311(편집) 02 3012 0117(마케팅) 팩스 02 3012 3010
이메일 book@100doci.com(편집·원고 투고) valva@100doci.com(유통·사업 제휴)
포스트 post.naver.com/100doci 블로그 blog.naver.com/100doci
인스타그램 @growing__i

ISBN 978-89-6833-364-4 13590

물주는아이

부모의 마음이 흐뭇하도록 아이가 쑥쑥 커주면 좋으련만. 별 이상이 없는 것 같은데 아이가 잘 자라지 않으면, 부모의 마음은 타들어 갑니다. 내 아이가 또래만큼 잘 자라고 있는지, 병적인 문제로 자라지 않는 것인지, 성인이 됐을 때의 최종 키가 너무 작지는 않을지, 지금 당장 특별한 치료를 하는 것이 나을지, 무엇이 정답인지 알지 못하는 마음은 그저 답답합니다.

성장과 관련된 지식을 검색하면 수많은 카페와 유튜브, 인터넷 광고들이 뜹니다. 하지만 인터넷에 떠도는 조각 지식으로는 체계적으로 정보를 정리하기가 쉽지 않습니다. 때로는 단기간에 키를 쑥 크게 해준다는 상업적 광고에 현혹되어 성장의 골든타임을 놓치기까지 합니다.

자식을 키우는 것은 질그릇을 빚는 것과 같아서 어릴 때는 내 마음대로 모양을 쉽게 빚을 수 있지만 시간이 지날수록 아이의 마음도, 성장판도 점점 단단해지지요. 중요한 시기가 지난 후에는 시간과 노력을 몇 배나 들여도 돌이키기가 쉽지 않습니다.

특별한 질환이 없다면 꾸준히 좋은 식습관, 운동 습관, 수면 습관을 길러주고 공감하며, 스트레스를 줄여주면서 기다려야 합니다. 크게 키우는 해결책이란 멀리 있는 것이 아니라 내 가까이에 있는 아주 조그만 부분이며, 당장은 보이지 않는 미미한 차이가 큰 차이로 변화하게 됩니다. 1년에 0.5cm만 더 키워도 10년이면 5cm는 거뜬히 더 크게 자라기 때문입니다.

그렇지만 코로나19 팬데믹이 계속되면서 운동도 안 하고 수면 습관도 생활 습관도 엉망진창이 되면서 아이도 부모님도 스트레스와 걱정이 늘어만 가는 현실입니다.

내 아이가 너무 작다면 한 번쯤은 전문의를 찾아가는 것이 좋습니다. 호르몬 결핍인지 칼로리의 결핍인지, 장내 흡수의 문제인지, 늦자라는 타입인지, 유전자의 이상인지 정확한 원인을 밝히는 것이 매우 중요합니다. 지난 10여 년간 의학계에서 가장 괄목할 만한 변화는 바로 유전자 검사법의 발전으로, 도대체 왜 크지 않을까 풀리지 않던 수수께끼가 정밀 유전자 검사를 통해 속속 그 원인이 밝혀지는 경우가 많아진 점입니다.

진료실 밖은 늘 자신의 차례를 기다리는 보호자와 아이들로 북새통입니다. 몇 개월을 기다려 진료를 받으러 왔는데 한정된 진료 시간 때문에 보호자의 궁금증을 다 풀어주지 못할 때마다 미안하고 안타까운 마음이었습니다. 성장클리닉 진료 30여 년의 경험을 바탕으로 보호자가 가장 많이 질문한 내용을 모아보았습니다. 학계의 최신 정보를 바탕으로 한 정확한 지식을 담은 이 책이 불안하고 혼란스러운 부모님들께 방향을 잡고 궁금증을 풀 수 있는 안내서가 되길 소망합니다.

박미정

·일러두기

이 책은 학계의 정확한 정보를 바탕으로 했으며, 모두 다 참고문헌으로 실을 수 없어 저자가 참여한 국내 소아 데이터를 기반으로 한 연구 논문을 미주로 표시했습니다.

차례

3장 큰 질병이 없는데도 잘 자라지 않는 경우

4장 질병으로 잘 자라지 않는 경우

5장 고민 끝에 찾는 성장클리닉 진료

6장 마법 같은 성장호르몬

7장 사춘기와 성조숙증

8장 잘 먹는 우리 아이, '아차' 하면 소아비만

9장 영양 관리로 키 키우기

10장 생활 습관 관리로(운동/수면/스트레스) 키 키우기

150
100
50

1장

가정에서 체크해보는

키 성장

001

아이의 키를 평균 키와 비교해보고 싶어요!

아이들은 하루가 다르게 자랍니다. 내 아이가 또래 아이들과 비교했을 때 잘 성장하고 있는지 걱정되고 궁금한 건 너무도 당연한 부모의 마음입니다. 내 아이 또래의 평균 키는 인터넷에 〈2017년 소아청소년 성장도표〉로 검색하면 자료를 얻을 수 있습니다. 혹은 질병관리청 홈페이지(kdca.go.kr)로 들어가서 '2017년 성장도표'를 검색하면 키뿐만 아니라 체격과 관련된 여러 자료를 모두 다운로드받을 수 있습니다.

체격 정보의 기준은?

'지금이 2022년인데 2017년 자료를 참고하라고?'

당연히 의문이 들 수 있습니다. 아쉽게도 〈2017년 소아청소년 성장도표〉가 가장 최신 자료로, 질병관리청과 소아과학회에서 개정한 것입니다. 그런데 이 〈2017년 소아청소년 성장도표〉가 2017년에 아이들을 계측한 자료도 아닙니다. 우리나라 아이들을 대상으로 키는 2005년에 잰 것을 활용한 것이고, 체중은 1997년과 2005년에 계측

남자아이		연령(만)	여자아이	
평균 신장(cm)	평균 체중(kg)		평균 신장(cm)	평균 체중(kg)
49.9	3.3	0개월	49.1	3.2
96.5	14.7	36개월(3세)	93.4	14.2
99.8	15.8	42개월	98.6	15.2
103.1	16.8	48개월	101.9	16.3
106.3	17.9	54개월	105.1	17.3
109.6	19.0	60개월(5세)	108.4	18.4
112.8	20.1	66개월	111.6	19.5
115.9	21.3	72개월(6세)	114.7	20.7
119.0	22.7	78개월	117.8	22.0
122.1	24.2	7세	120.8	23.4
127.9	27.5	8세	126.7	26.6
133.4	31.3	9세	132.6	30.2
138.8	35.5	10세	139.1	34.4
144.7	40.2	11세	145.8	39.1
151.4	45.4	12세	151.7	43.7
158.6	50.9	13세	155.9	47.7
165.0	56.0	14세	158.3	50.5
169.2	60.1	15세	159.5	52.6
171.4	63.1	16세	160.0	53.7
172.6	65.0	17세	160.2	54.1
173.6	66.7	18세	160.6	54.0

2017년 소아청소년 성장도표

된 것을 활용하여 제정한 것입니다. 그러므로 2022년 현시점의 아이들의 체격과 상당한 차이가 발생할 수 있습니다.

특히 3세까지 영유아의 체격 정보는 현저히 차이가 나는데요. 실제 아이의 체격과, 체격표에 적힌 평균 신장과 체중이 상당히 다릅니다.[1]

이는 세계적 표준인 세계보건기구(WHO)의 성장표이기 때문입니다. WHO는 2006년 모유수유를 권장하기 위해 브라질, 가나, 인도, 노르웨이, 오만, 미국 6개국의 소아들 중 4개월 이상 완전 모유수유한 소아의 키와 체중을 쟀습니다. 그리고 이 계측치를 이용해 '모유수유아의 최적 성장기준'인 〈WHO 소아 성장도표〉를 발간했습니다. 〈2017년 소아청소년 성장도표〉 중에서 3세까지의 정보는 한국영유아가 아닌, WHO 모유수유아의 성장표인 것이죠. 아쉽지만 그래도 나라에서 제시하는 공신력 있는 자료이므로 병원에서는 가장 먼저 이 자료를 참고합니다.

실제 우리나라 아이들의 체격은?

소아청소년 성장도표가 상당히 오래된 계측자료여서 실제 우리나라 학생들의 체격이 너무나 궁금했습니다. 그래서 저의 연구팀은 2018년에 실제로 초·중·고등학생 키와 체중을 측정한 한국학교건강검진(KSHES)조사 자료로 107,954명의 키와 체중을 분석해보았습니다. 그 결과, 성인 키라고 할 수 있는 우리나라 고등학교 3학년 남학생의 키는 173.7cm이고, 여학생의 키는 160.9cm였습니다. 즉, 최종 키는 2017년 〈소아청소년 성장도표〉의 키와 큰 차이가 없었음을 확인할 수 있습니다.[2] 그러나 어린 연령에서는 성장의 가속화가 있었습니다.

우리 아이가 평균 키 정도까지 크기 위해서는 정확한 정보를 갖고 지금부터 부지런히 노력해야 합니다.

남자아이		학년	여자아이	
평균 신장(cm)	평균 체중(kg)		평균 신장(cm)	평균 체중(kg)
122.1	25.2	초등학교 1학년	120.9	24.2
127.8	28.9	초등학교 2학년	126.8	27.4
133.8	33.3	초등학교 3학년	132.4	30.8
139.7	37.9	초등학교 4학년	139.1	35.3
145.0	42.7	초등학교 5학년	145.6	40.3
152.2	49.1	초등학교 6학년	152.2	40.3
160.4	54.6	중학교 1학년	156.9	50.4
166.3	60.7	중학교 2학년	158.9	53.2
170.2	64.6	중학교 3학년	160.3	55.4
172.6	67.8	고등학교 1학년	160.9	56.7
173.3	69.3	고등학교 2학년	160.9	57.0
173.8	71.3	고등학교 3학년	160.9	57.5

2018년 한국학교건강검진을 기반으로 한 성장도표

002

잘 자라고 있는지 어떻게 확인할 수 있나요?

일단 키, 체중을 자주 재고, 잘 기록하는 것이 먼저입니다. 그러고 나서 질병관리청 홈페이지(kdca.go.kr)에 접속합니다. 사업별 홈페이지 → 국민건강영양조사 → 성장도표 → '성장상태 측정 계산기'를 클릭합니다. 해당 데이터를 입력하면 키, 체중, 비만 정도(체질량지수), 머리둘레까지 또래에 비해 어느 정도인지 확인할 수 있습니다.

이 방법 외에 잘 자라는지 추이를 보기 위한 또 다른 방법으로는 신

장 백분위수 도표를 이용해 우리 아이의 성장곡선을 따라 그려보는 것입니다. 한국 나이가 아닌 만 나이로, 몇 세, 몇 개월인지를 기준으로 계산해야 합니다. 이 책에 실려 있는 신장 백분위수 도표를 찾아보세요. 가로선 나이(세, 개월)을 확인하고 세로선을 따라 올라가 아이의 키인 지점을 찾아 점을 찍습니다. 그래서 몇 백분위수 곡선에 있는지 확인하면 그 나이의 아이들 100명 중 몇 번째 순서인지 알 수 있습니다. 그러나 어느 한 시점에서 키가 얼마나 작은지 평가하는 것보다 신장과 체중의 증가 속도를 추적해 판단하는 것이 중요합니다.

신체발육 표준치, 성장상태 측정 계산기, 성장곡선으로 아이의 키와 체중을 꾸준히 기록하고 시기에 맞춰 제대로 성장하고 있는지 확인해보세요. 성장곡선에서 꾸준히 3~5백분위수 미만이면 병원을 찾는 것이 좋습니다. 혹은 성장곡선에서 시간이 갈수록 아래 곡선으로 내려올 때도 병원을 찾는 것이 좋습니다.

꼬리에 꼬리를 무는 엄마들의 궁금증

신장 백분위수 도표 ▸

003

아이의 키가 잴 때마다 달라질 수 있나요?

같은 장소, 같은 시간에 키 재기

키는 정확하게 비교하기 위해서 주기적으로 날을 정해 놓고(매달 1일 등 기억하기 쉬운 날짜), 같은 시간, 같은 장소에서 재는 것이 좋습니다. 보통 소아과에 가서 키를 재지만 병원에 가는 시간이 일정하지 않아 재는 시간이 달라집니다. 그렇기 때문에 아이방 벽에 키 재는 자를 붙여 놓고 일정한 기간마다 같은 방식으로 재는 것이 좋습니다.

왜 키가 잴 때마다 달라질까?

아이의 키를 잴 때마다 잰 키가 일정하지 않고, 조금씩 다를 수 있습니다. 키를 재는 시간에 따라 차이가 큰 이유는 다음과 같습니다.

척추는 짧은 뼈 33개로 이루어져 있고 뼈마디 사이는 수액이 가득한 물렁뼈인 디스크(추간판)로 되어 있습니다. 낮에는 서 있거나 앉아 있기 때문에 몸이 수직으로 중력을 받아 디스크들이 눌려 수분이 조금씩 빠져나가게 됩니다. 디스크의 높이가 낮아지므로 그만큼 키도 줄어듭니다. 이렇게 줄어든 키는 밤에 누워서 자는 동안 디스크에 다시 수분이 차고 척추가 펴져 도로 커집니다. 이 때문에 아침에 잰 키는 저녁에 잰 키보다 평균 1.5~2cm 정도 더 큽니다.

그럼 진짜 키는 어느 때 잰 걸로 해야 할까요? 키는 몸이 쭉 펴진 상태에서 재는 것이 원칙이므로 아침에 잰 키가 아이의 진짜 키입니다.

만 2세 이전에는 매달, 만 3세부터는 3개월에 한 번 정도 아이의 키와 몸무게를 재는 것이 좋습니다. 2세가 넘지 않은 아기는 똑바로 눕혀 머리가 신장계 또는 벽에 닿게 하고 다리를 쭉 펴서 발목을 수직으로 세운 뒤 머리부터 발뒤꿈치까지 잽니다. 2세가 넘은 아이는 신장계나 벽에 뒤통수와 등, 엉덩이, 발뒤꿈치를 대고 똑바로 서서 정면을 바라보게 한 자세에서 잽니다.

004

부모 모두 키가 작으면 아이도 작을까요?

아이 키에 영향을 미치는 부모의 유전력

엄마, 아빠 키가 모두 작아 미리 걱정하는 부모가 많습니다. 유전은 키에 많은 영향을 주기 때문이죠. 쌍둥이를 대상으로 한 대규모 연구 및 대규모 인구 집단 유전자 연구 결과에서 키를 결정하는 유전적 요인은 80% 정도로 보고되었습니다. 즉, 아이의 키는 80% 유전자에 의해 결정되며, 20% 정도는 후천적 영향(영양과 운동, 수면 및 그 외 다양한 요인)에 따라 최종적으로 결정됩니다.

키가 유전의 영향을 많이 받는다는 사실은 인종으로 살펴보면 더 확실하게 알 수 있습니다. 백인종이 가장 크고 황인종이 가장 작습니다. 흑인종은 세계에서 가장 큰 부족과 가장 작은 부족이 섞여 있긴 하지만 인종 전체를 볼 때는 황인종보다 큽니다. 마찬가지로 같은 백인종이라도 북유럽 사람들은 키가 크고 남부 프랑스나 이탈리아 남자들은 그보다 키가 작습니다. 이것은 같은 인종 안에서도 종족에 따라 유전적으로 차이가 있기 때문입니다.

물론 아이의 성인 키가 부모의 신장만으로 결정된다는 것은 아닙니다. 출생체중, 사춘기 발현 연령 및 진행 속도, 체질량지수 등 다양한 요인이 작용해 성인 키가 결정됩니다.[3]

저의 연구팀이 2003년 초·중·고등학생 3,400여 명을 대상으로 조사한 결과, 자신의 키에 만족하지 못하는 학생이 절반 가까이 되었습니다. 학생들이 이상적으로 생각하는 성인 키는 남자 181cm, 여자 169cm였습니다. 아이들 사이에서 표준 키만 넘기면 되는 것이 아니라 크면 클수록 좋다는 생각이 꾸준히 많아지고 있습니다.[4]

연구 결과, 초등학생은 자신의 체격에 대해 불만은 많지만, 저신장 아이와 평균 체격 아이의 정신심리학적 문제행동점수를 비교했을 때는 큰 차이가 없었습니다.[5] 그러나 중학생이 되면 사춘기가 오면서 자신의 체격에 대해 스트레스를 받기 시작합니다. 안타깝게도 중학생 이후에는 성장판이 거의 닫혔기 때문에 문제의 심각성을 깨달아도 이미 시기가 늦어버린 경우가 많습니다.

그러므로 부모도 작고 아이의 친가와 외가를 둘러보아 키 작은 사람이 많다면 아이도 성인 키가 크지 않을 가능성이 높습니다. 그렇기에 일찍부터 아이의 성장 변화에 관심을 가지고 눈여겨봐야 합니다. 만약 아이가 초등학교서 또래 아이들의 평균 키보다 5~10cm 이상 작으면 꼭 병원에 데려가보아야 합니다.

005

인터넷을 보니 키가 크는 데에는 유전적 영향이 매우 작다던데요?

성장클리닉을 찾아온 사람들 중에 유전이 키에 영향을 많이 주는지 묻는 부모들이 종종 있습니다. 이는 키를 결정짓는 요인으로 유전자의 영향이 크지 않다는 잘못된 정보가 인터넷에 돌아다니고 있기 때문입니다.

"부모에게서 물려받은 유전자 23%, 영양 31%, 운동 20%, 생활환경 16%, 기타 10%가 키를 결정한다."

이런 잘못된 정보가 통용되고 있습니다. 위 수치의 출처는 체육학을 전공한 일본인 가와하다 아이요시가 1987년에 출판한 《키가 크는 비결》(국내에서는 1998년 출간되었으나 현재 절판)이라는 책입니다. 당시 가와하다 아이요시는 일본의 중학교 1~3학년생을 대상으로 부모 키와 자식 키를 단순히 설문 조사하여 이런 결론을 내렸습니다.

키에 미치는 유전적 영향은 제한된 특정 시점에서 단편적인 설문 조사로 결론을 내릴 수 있는 것이 아닙니다. 가와하다의 말대로라면 유전적 영향을 뺀 나머지 환경적 요인 77%를 조절하면 인간의 키를 수십 cm도 더 크게 할 수 있다는 이야기가 되는데, 아무리 영양 상태가 좋고 운동을 한다 해도 무한정 키가 클 수 있는 것은 아닙니다. 이 사실을 알지 못하는 우리나라에서는 잘못된 내용을 계속 인용하고 있는 것이지요.

가족들의 키가 작아 아이 키도 작을까 걱정인 엄마들 중에는 유전의 영향력이 80%라는 수치가 너무 크게 느껴져 나머지 20%가 상대적으로 작게 느껴지고 실망스러울지도 모릅니다. 하지만 이 20%는 사실 대단히 큰 것입니다. 유전적인 영향이 크다고 해서 실망할 필요는 없습니다. 아이가 잘 먹고 운동하고 스트레스 적게 받는 좋은 환경에서 자란다면 우리나라 평균 성인 키(20세 기준, 여자 161cm, 남자 174cm)보다 10cm 정도는 더 자랄 수 있습니다.

006

유전자 말고 어떤 것이 키 크는 데 중요한가요?

키를 결정짓는 유전적 요인을 제외한 환경적 요인으로는 크게 영양소, 호르몬, 약물이 중요합니다.

영양소

유전자 외에 가장 중요한 것은 영양입니다. 부모로부터 큰 키의 유전자를 받았다고 해도 아이가 꾸준히 잘 먹지 않아 영양이 부실하면 크게 자라지 않습니다. 요즘 아이들을 보면 과거에 비해 체격이 많이 커졌다는 것을 느낀 적이 있을 겁니다. 이는 모두 영양의 덕분입니다. 하루 섭취칼로리(열량), 단백질, 비타민과 미네랄 등 모두 중요합니다. '9장 영양 관리로 키 키우기'에서 다시 다루겠습니다.

호르몬

뇌의 중앙에 완두콩 크기의 '뇌하수체'가 있고 이 뇌하수체에서 성장호르몬, 성호르몬을 자극하는 호르몬(LH, FSH), 갑상선 자극호르몬,

부신피질 자극호르몬 등이 분비됩니다. 많은 호르몬 중에서 키에 영향을 미치는 대표적인 호르몬은 아래와 같습니다.

성장호르몬

성장호르몬이 키 성장에 제일 중요한 호르몬입니다. 뇌하수체에서 분비되고 간에 가서 인슐린유사성장인자(IGF-1)로 바뀌며 뼈의 성장판이나 근육, 간에 가서 키를 크게 하는 작용을 합니다.

성호르몬

여성호르몬인 에스트로겐은 난소에서 분비되고, 사춘기에 들어서면 분비가 증가해 여자아이의 가슴 발달과 생리를 일으키며 성장을 촉진시킵니다. 다만 너무 많이 분비되면 성장판을 닫히게 해서 성장을 중지시킵니다.
남성호르몬인 테스토스테론은 주로 고환에서 분비되지만 부신에서도 소량 분비됩니다. 음경, 고환의 성장, 여드름, 목소리의 변화, 그리고 근육량 증가 등의 변화를 일으키며 뼈 성장을 촉진시킵니다.

갑상선호르몬

갑상선호르몬은 목 앞에 나비 모양으로 있는 갑상선에서 분비되며, 성장판의 길이 성장 및 전신에 중요한 작용을 합니다. 이 호르몬이 부족하면 키가 안 크고, 몸이 붓고, 피곤하며, 변비가 생깁니다.

부신호르몬(코르티솔)

코르티솔은 콩팥 위에 위치한 부신에서 스트레스를 받을 때 분비되는 호르몬입니다. 이 호르몬은 과하게 분비될 때 살이 찌고 키는 안 크게 됩니다.

약물

아이의 질병을 치료하기 위해 어렸을 때부터 약을 먹는 경우가 많죠. 염증, 천식 및 알레르기 질환, 자가면역 질환 등을 앓고 있다면 이를 치료하기 위해 스테로이드 약을 복용하게 됩니다. 이 스테로이드 약이 성장판의 분화를 억제하기 때문에 과용량을 먹거나, 장기복용 시에 키가 잘 안 자랄 수 있습니다. 그러나 천식이 있는 어린이가 사용하는 흡입 스테로이드는 아이의 성장을 크게 저해하지는 않습니다.

최근에는 주의력결핍·과잉행동 장애(ADHD) 때문에 약을 먹는 아이도 많습니다. 이 중에 일부 약은 식욕을 떨어뜨리기 때문에 잘 먹지 않게 되고, 결국 영양이 부족해 키가 자라지 않을 수 있습니다.

꼬리에 꼬리를 무는 엄마들의 궁금증

주의력결핍·과잉행동 장애(ADHD)로
약을 먹는다면? ▶

007

성인 키 예측, 얼마나 정확한가요?

아이가 성인이 됐을 때, 얼마만큼 키가 자랄지 궁금하시죠? 유전자의 영향을 많이 받는 만큼 엄마와 아빠의 키를 가지고 아이의 성인 키를 간단하게 계산해볼 수 있습니다. 계산식은 다음과 같습니다. 이때 유전적 키를 계산하려면 부모님 모두 키를 정직하게 말해야 합니다.

아이가 성인이 됐을 때의 키를 계산하는 법 (단위는 cm)

남자아이 : {(아버지 키 + 어머니 키)÷2} + 6.5

여자아이 : {(아버지 키 + 어머니 키)÷2} - 6.5

하지만 이 계산은 아이가 부모를 반씩 닮았다는 가정하에 부모 키만 가지고 계산하는 방식으로 유전적인 영향만을 고려한 계산법입니다. 아이의 나이, 사춘기 단계, 뼈 나이, 영양 상태, 성장 속도 등은 전혀 고려하지 않았으니 5cm 정도의 오차를 감안해야 합니다.

보통 다 자란 키의 예상값은 부모의 키를 더해 평균을 낸 뒤 남자는

6.5cm를 더하고 여자는 6.5cm를 빼서 계산하는데, 이렇게 하는 것은 평균적으로 남자가 여자보다 13cm 정도 크기 때문입니다. 그 이유는 여자아이에 비해 남자아이가 사춘기 발현이 늦어 사춘기 급성장 시작 전의 키가 크며, 사춘기 급성장 기간 동안에도 여자보다 더 많이 크기 때문입니다.

성장클리닉에서는 이 계산법보다는 좀 더 정확한 프로그램을 사용합니다. 컴퓨터에 내장된 프로그램에 현재 키, 정확하게 측정된 뼈 나이, 부모의 키 등을 입력해 성인 키를 계산합니다. 키가 클 수 있는 시간이 많이 남지 않은 경우일수록 예측한 키가 정확한 편입니다. 그러나 뼈 나이가 어리고 성장할 시간이 많이 남아 있는 유치원생이나 초등학교 저학년 어린이는 자라면서 생활환경에서 많은 변수가 작용하기 때문에 최종 키가 예상 키와 많이 달라질 수 있습니다.

부모 모두 키가 작아도 성격이 긍정적이고 어릴 때부터 잘 먹고 운동을 열심히 한 아이는 기대만큼 키가 크는 경우가 많습니다. 반면, 부모가 모두 큰데도 아이의 사춘기가 너무 빨리 진행되거나 아이의 영양 상태가 나쁘면 유전적 허용치보다 작게 자랍니다.

비슷한 키의 유전자를 가졌지만 북한 청소년들이 남한 청소년들보다 평균 키가 10cm 이상 작은 것이나, 미국에 이민한 한국인 자녀가 국내에서 자란 아이들보다 일반적으로 체격이 더 큰 것이 그 예인데 원래 가지고 있는 키 유전 형질이 좋은 환경을 만나야 키가 더욱더 잘 자란다는 것을 보여줍니다.

008

키는 언제, 얼마나 커야 하나요?

아이의 키를 꾸준히 재고 있는데, 아이의 키가 평균치에 머물러 있다고 해서 안심할 수는 없습니다. 아이의 평균 키를 재는 것만큼 중요한 것이 있습니다. 바로 아이의 성장 속도가 너무 빠른 것은 아닌지, 너무 느린 것은 아닌지 확인해보는 것입니다. 아이가 어느 시기에 어느 정도 자라는지 시기별로 살펴봅시다.

연령	0~1세	1~2세	2세~사춘기	사춘기 남자아이	사춘기 여자아이
성장 속도 (cm/연)	17~25	10~13	5~7	7~12	7~10

연령별 성장 속도 도표

아이가 태어나서 만 2세까지가 가장 빠르고 활발하게 성장하는 시기입니다. 출생 시 키는 50cm 정도이며 출생 후 첫 1년 동안, 25cm가 자라 첫돌이 되면 75cm가 됩니다. 만 1~2세 동안에는 연간 12cm 정도가 자라는데, 세포분열이 매우 빠르게 일어나 '1차성장기(제1급성장기)'라고도 합니다.

만 2세부터 사춘기가 시작되기 직전까지 1년에 5~7cm씩 자라며, 4세가 되면 출생 시 키의 두 배인 약 100cm가 됩니다. 만 2세가 넘으면 1년에 5cm 이상 자라야 정상입니다. 키가 자라는 속도가 이에 크게 못 미치면 병원에 가서 왜 그런지 원인을 알아보아야 합니다.

사춘기 2~3년 동안 남자아이는 1년에 7~12cm 정도, 여자아이는 7~10cm 정도 자랍니다. 사춘기는 급격한 성장이 일어나는 시기로 충분한 영양 공급이 매우 중요합니다.

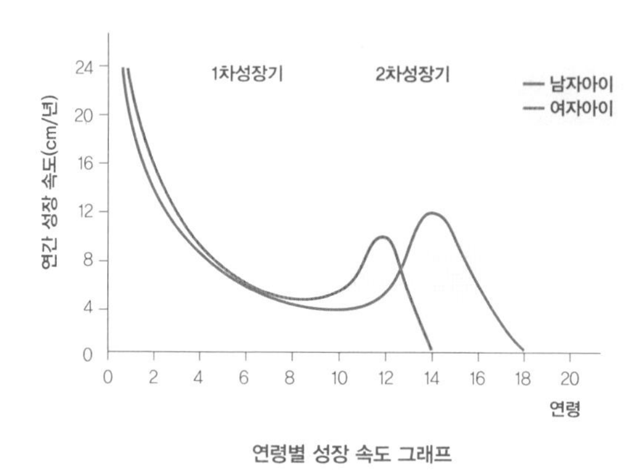

연령별 성장 속도 그래프

009

키는 몇 살이 되면 멈추나요?

남자아이는 뼈 나이가 만 16세까지 자랐을 때, 여자아이는 뼈 나이가 만 14세까지 자랐을 때가 되면 키 성장이 거의 멈춥니다. 아이의 키가 부쩍 잘 자라더라도, 사춘기 시기 1~2년이 지나면 키 크는 속도가 뚝 떨어져 조금씩 자라다가 서서히 성장을 멈춥니다. 따라서 사춘기가 어느 단계에 와 있는지에 따라 키가 얼마만큼 더 자라고 성장이 멈출지 그 시점을 대략 짐작할 수 있습니다.

사춘기의 순서

여자아이의 사춘기 순서는 이렇습니다. 먼저 가슴이 나오기 시작하면 그다음에는 음모가 나고, 초경을 시작합니다. 가슴이 나오고 초경이 있기까지의 약 1년 반~2년 동안 가장 많이 자랍니다. 대개 초등학교 4학년경부터 가슴이 서서히 나오기 시작해, 초등학교 5~6학년에 사춘기 급성장이 나타난 후 초경을 합니다. 초경 후 2년 정도는 키가 더 자라기 때문에 초등학교 5~6학년에 초경을 시작했다면, 중학교 1~2학년까지는 계속 자란다고 보면 됩니다. 하지만 그 이후에는 키 성장이 멈추게 됩니다. 또한 초경 후에 키가 자란다고 해도 보통 5~7cm 정도 자라며, 초경 후 10cm 이상 많이 자라는 경우는 드뭅니다. 만약 초경 이후 만 2~3년이 넘었다면 키는 더 이상 크지 않는다고 생각하면 됩니다.

남자아이는 초등학교 6학년쯤 사춘기가 시작되어 중학교 1~2학년에 사춘기 급성장이 나타납니다. 이 기간에는 2차성징으로 고환과 음경이 커지고 음모가 나며, 여드름도 많이 나고 변성기가 옵니다. 턱수염과 겨드랑이에 털이 나기 시작한 후 2~3년은 키가 더 자라므로 대개 고등학교 1~2학년이면 키 성장이 멈춥니다. 얼굴과 겨드랑이에 털이 많이 났다면 더 이상 키가 많이 자라지 않는다고 봐도 됩니다.

왜 사춘기가 시작되면 키 성장이 멈추게 되는 걸까요?

사춘기가 시작되어 성호르몬(남성호르몬인 테스토스테론, 여성호르몬인 에스트로겐) 분비가 늘어나면 성장판의 연골이 딱딱한 뼈로 바뀌게 됩니다. 새로운 뼈를 만드는 장소인 성장판이 모두 뼈로 바뀌면 뼈의 성장이 멈추게 되며, 이것을 흔히 "성장판이 닫혔다"고 표현합니다. 아이들이 갑자기 급성장하면 부모는 계속 그렇게 클 거라고 부푼 기대를 하는 경우가 많지만, 키의 급성장이 시작되었다는 것은 약 2년 후 성장판이 닫힌다는 것을 의미합니다.

늦자라는 경우라도 대부분 남자는 고등학생 때 성장판이 닫힌다고 생각하면 됩니다. 성인이 된 후에는 척추간판의 길이가 감소하며 서서히 키는 줄어들게 됩니다.

꼬리에 꼬리를 무는 엄마들의 궁금증

성장판은 언제 닫히나요? ▶

010

키가 또래보다 너무 커도 걱정해야 할까요?

내 아이가 또래 아이들과 함께 섰을 때 눈에 띄게 큰 것을 보고 걱정을 하는 엄마들도 있습니다. 그러나 주변에는 아이가 잘 자라지 않아 걱정하는 엄마들이 많기 때문에 고민을 털어놓기도 힘들죠.

사실 대부분 걱정하지 않아도 되는 경우입니다. 큰 질병 없이 보호자가 다 키가 큰 가족성(체질성) 고신장인 경우가 가장 흔하기 때문입니다. 그러나 때로는 질병 때문에 키가 크게 자라는 것일 수도 있으므로 한 번쯤 다른 경우를 생각해볼 수 있습니다.

성조숙증

상당히 흔한 경우로, 성호르몬이 이른 나이에 많이 분비되어 키가 빨리 자라게 됩니다.

뇌하수체 거인증

뇌하수체에서 성장호르몬을 분비하는 세포의 종양 때문에 생깁니다. 두통이나 구토 증세가 있고, 시력이 많이 나빠지기도 합니다.

마르판증후군

키가 크고 마른 경우가 많고 손발도 길쭉길쭉하고 몸이 유연합니다.

클라인펠터증후군(남자아이)

염색체가 XXY로 이상이 있는 경우로, 남자인데도 여성형 유방이 있으며 고환과 음경이 작습니다.

에스트로겐 수용체 돌연변이

성호르몬 수용체에 이상이 생겨 성호르몬이 부족하면 제대로 성장판이 닫히지 못해 키가 늦게까지 많이 자랍니다.

아로마타제 결핍

이 경우에도 에스트로겐이 부족하면 성장판이 오래 열려 있어 키가 큽니다.

꼬리에 꼬리를 무는 엄마들의 궁금증

성조숙증이 의심된다면? ········▶

2장

키 성장에 너무 중요한

성장판과 뼈

011

성장판과 뼈 나이는 같은 말인가요, 다른 말인가요?

아이의 키를 크게 하기 위해서 키 성장에 대한 정보를 찾다 보면 '성장판'과 '뼈 나이'라는 단어를 접하게 됩니다. 두 단어는 비슷하게 쓰이기 때문에 혼동하기 쉬운데요. 결론부터 말하자면 '성장판'과 '뼈 나이'는 다른 말입니다.

성장판이란?

'성장판(Growth plate)'은 뼈몸통과 뼈끝 사이에 있는 연골조직입니다. 성장호르몬을 비롯한 여러 생체신호를 직간접으로 받아 연골세포가 분열해 두꺼워지고, 뼈몸통 쪽 연골이 뼈조직으로 치환되면서 뼈몸통이 길어져 키가 크게 됩니다.

성장판은 아직 연골조직이고 뼈가 아니므로 엑스선 사진에서 검은 선으로 보입니다. 성장판은 '열려 있다' 혹은 '닫혀 있다' 2가지만 판단합니다. 그렇기 때문에 성장판을 보고서는 아이의 성장이 계속될지, 멈출지 정도만 판단할 수 있습니다. 성장판만 보고서는 "뼈 나이가 몇 살이다"라고 말하기 어렵습니다.

아래 사진 중에서 왼쪽 엑스선 사진 속 검은 선으로 보이는 것이 성장판입니다. 이 경우 "성장판이 열려 있다"라고 표현합니다.

오른쪽 엑스선 사진에서 검은 선이 사라진 것을 확인할 수 있습니다. 이 경우 "성장판이 닫혔다"라고 표현합니다.

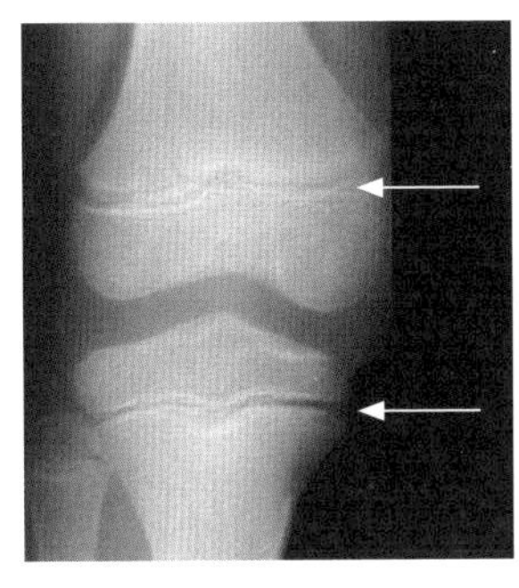

열린 성장판

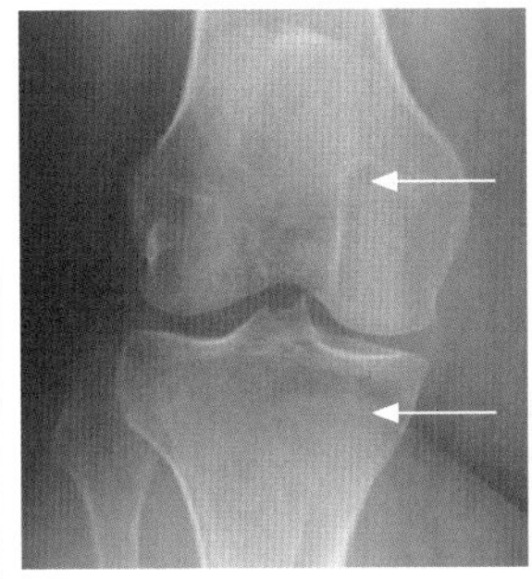

닫힌 성장판

키가 자라는 원리

성장판을 확대해보면 3개의 층으로 나뉘어 있습니다. 먼저 휴식연골세포층(Resting Zone)에는 연골세포가 세포분열을 일으키려고 대기하고 있습니다. 그 아래 증식 연골세포층(zone of proliferation)은 혈관과 산소가 높고 이름 그대로 세포가 분열하며 뼈의 길이 방향으로 증식합니다. 그 아래에는 비대 연골세포층(zone of hypertrophy)으로 '비대 연골세포'가 자리하는데 말 그대로 세포가 큽니다.

3가지 연골세포는 태생부터 다른 것이 아니라 둥근 연골세포가 증식 연골세포가 되고 아래쪽 증식 연골세포가 비대 연골세포로 바뀌는 것입니다. 후에 비대 연골세포가 죽으면 그 빈자리를 골세포가 채웁니다. 그렇게 뼈몸통이 길어지는 것입니다.

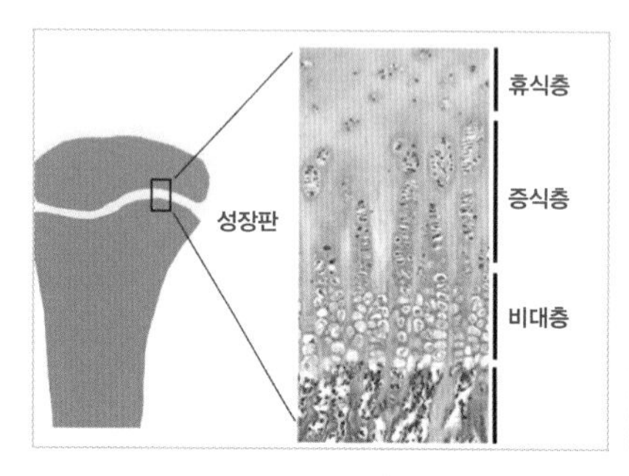

실제 성장판 속 연골세포 사진

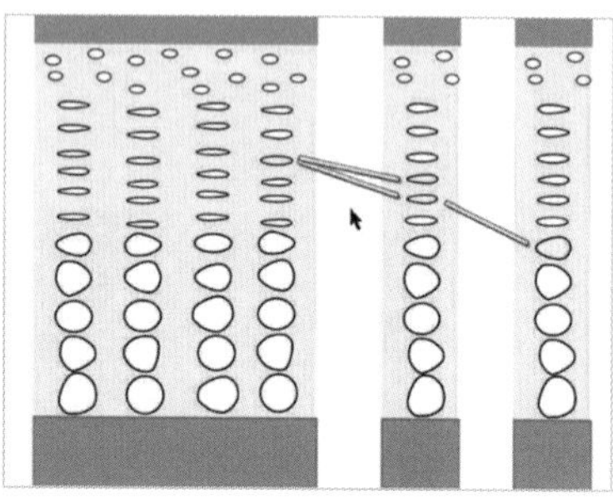
성장판 속 연골세포가
시간이 지남에 따라 변화하는 모습

뼈 나이란?

골연령이라고도 부릅니다. 성장판 속 동글동글한 화골핵과 성장판의 전체적인 상태를 종합해서 '뼈 나이가 몇 살인지' 판단합니다. 이 뼈 나이를 보고 아이의 성장이 얼마나 남았는지 예측합니다.

꼬리에 꼬리를 무는 엄마들의 궁금증

뼈 나이는 어떻게 판단하나요? ▶

012

왜 성장판과 뼈 나이를 강조하는 걸까요?

성장판이 열려 있는 동안만, 뼈 나이가 어릴수록 오래 성장할 수 있기 때문입니다. 더 자랄 가능성의 여부와 얼마나 더 자랄 수 있는지 확인하기 위해 성장판과 뼈 나이 검사가 중요합니다. 키를 결정짓는 뼈의 길이 성장은 모든 부위에서 일어나는 것이 아닙니다. 앞에서 말했듯이 긴뼈의 양 끝에 위치한 성장판에서 길이 성장이 일어나기 때문에 뼈 나이와 성장판을 확인하는 것이 중요합니다.

실제 나이와 뼈 나이를 비교하자

보통 뼈 나이(골연령)는 실제 나이(역연령)와 거의 같거나 6개월 이내 정도 차이가 있습니다. 뼈 나이가 실제 나이보다 약간 느리다면 좀 늦게 자랄 여유가 있지만, 뼈 나이가 2~3년 이상 너무 늦어도 뼈 성장에 필요한 물질이 부족할 수 있어 검사가 필요합니다. 한편, 뼈 나이가 빠르면 성장판이 빨리 닫힐 가능성이 있어 지금 키가 커도 안심할 수 없습니다.

성장판은 어디에 있나요?

성장판은 어깨, 팔꿈치, 손목, 척추, 골반, 대퇴골, 정강이뼈, 발목, 발뒤꿈치, 손가락, 발가락 등 길게 생긴 뼈의 위아래에 있습니다. 성장판은 모든 긴뼈의 양 끝에 다 있지만 키가 자라는 데는 무릎, 고관절, 발목 부위에 있는 성장판의 역할이 큽니다. 특히 발목부터 무릎 사이의 정강이뼈(경골)와 무릎과 고관절 사이의 넓적다리뼈(대퇴골)의 긴뼈가 길어져야 합니다.

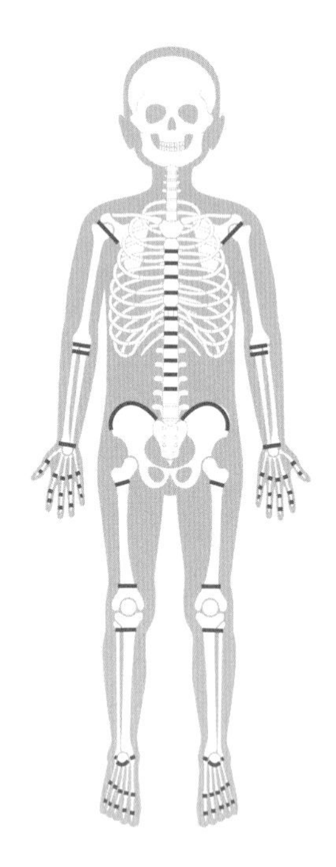

성장판이 있는 곳 (붉은 선)

013

어떻게 해야 성장판이 잘 자랄까요?

뼈를 만들어내는 부드러운 연골조직 성장판에서 세포분열이 활발히 일어나려면 아래와 같은 여러 인자들이 작용합니다.

첫째, 칼슘과 비타민D를 충분히 섭취합니다.

골기질(뼈의 조직에서 뼈세포를 둘러싸고 있는 물질)에 칼슘이 쌓여 단단해지는 골화 과정이 중요한데 비타민D는 칼슘 흡수를 돕기 때문에 매우 중요합니다. 우리 몸에서 비타민D를 만들려면 자외선이 필요하므로 하루 30분은 밖에 나가 햇볕을 쬐어야 하며 부족하면 비타민D 영양제로 보충해주어야 합니다.

둘째, 단백질 식품을 충분히 섭취합니다.

단백질은 뼈와 근육 성장에 꼭 필요하고 성장호르몬 분비도 자극하는 역할을 합니다.

셋째, 요오드를 적절히 섭취합니다.

요오드는 뼈 성장에 중요한 역할을 하는 갑상선호르몬의 중요한 구성 성분입니다. 요오드는 미역, 다시마 등 해조류에 많으므로 해조류 반찬을 먹어야 합니다. 그렇다고 너무 많이 먹어서도 안 됩니다.

꼬리에 꼬리를 무는 엄마들의 궁금증

전문의가 추천하는 영양제는 무엇일까요? ▶

014

성장판은 언제 닫히나요?
빨리 닫히지 않게 할 수는 없을까요?

성장판은 연골조직으로 되어 있어 분화하고 성장하며 점점 긴뼈를 만듭니다. 그렇지만 일정한 시간이 지나면 세포분화가 더 이상 일어나지 않고 골조직으로 변화하게 되는데 이것을 '성장판이 닫혔다'라고 합니다.

성장판은 보통 남자가 여자보다 약 2년 늦게 닫힙니다. 또한 몸에 있는 성장판이 동시에 닫히지는 않습니다. 성장판이 있는 뼈의 부위마다 닫히는 시기가 다릅니다. 예를 들어 발목 성장판인 경우, 여자아이는 평균 12세 반에 닫히고 남자아이는 14세 반에 닫힙니다. 무릎 성장판인 경우에는 여자아이는 평균 15세, 남자아이는 16세에 닫힙니다.

사람마다 성장판이 닫히는 나이는 조금씩 다르지만 평균적으로 여자아이는 중학교 2~3학년(만 14세), 남자아이는 고등학교 1~2학년(만 15세)입니다. 성장판은 한번 닫히면 다시 열리지 않기 때문에 성장판이 닫히기 전에 성장에 영향을 미치는 환경적인 요인인 영양과 운동, 수면, 스트레스를 잘 관리하는 게 좋습니다.

성장판을 닫히게 하는 가장 중요한 물질은 여성호르몬(에스트로겐)입니다. 그래서 사춘기가 남들보다 빠르면 성장판도 빨리 닫히게 되죠. 성장판이 빨리 닫히지 않게 하려면 사춘기가 빨리 오지 않도록 하는 것이 좋습니다.

사춘기가 적정한 시기에 오도록 하려면 너무 뚱뚱해지는 것을 조심해야 합니다. 체지방이 쌓여 지방세포가 늘어나면, 지방세포에서 여성호르몬을 더욱 잘 만들게 됩니다. 여성호르몬은 성장판을 빨리 닫히게 하는 주요한 인자이며 남녀 모두에서 뼈 나이의 속도를 빠르게 만듭니다.

꼬리에 꼬리를 무는 엄마들의 궁금증

통통한 것과 비만은 어떻게 구분하나요? ....▶

015

성장판을 다쳐서 키가 잘 안 크는 걸까요?

성장판을 다치면 키가 안 클 수 있습니다. 예를 들어 한쪽 다리의 성장판이 완전히 손상되었다면 연골의 길이 성장이 되지 않아 양쪽 다리의 길이가 차이 나고 심하면 다리를 절 수도 있습니다. 성장판의 일부가 손상되면 다치지 않은 일부가 자라면서 뼈가 휘게 될 수도 있습니다. 성장판이 손상되면 손상된 부위에 딱딱한 골조직이 형성되면서 주위의 정상 성장판이 자라는 것을 방해하기도 합니다.

특히 발목의 성장판을 다치게 되면, 발목이 불안정하게 되어 자주 발목을 삘 수 있습니다. 이로 인해 운동을 하기가 힘들어져 비만이 될 확률이 높아지게 됩니다. 그 외에도 여러 가지로 성장에 안 좋은 악순환이 반복됩니다.

어린이는 성장판이 약해서 다치기 쉽습니다. 하지만 양쪽 다리 혹은 양쪽 발목의 성장판을 동시에 다쳐 키 성장이 안 되는 경우는 드뭅니다.

성장판을 다치게 하는 원인

그렇다면 성장판을 다치게 하는 원인은 어떤 것이 있을까요? 가장 흔한 원인은 골절이고 뼈에 생긴 골수염이나 동상 등에 의해 성장판이 손상되는 경우도 있습니다. 성장판을 몹시 과다하게 사용하는 운동선수인 경우 성장판 손상이 생기는 경우도 드물지 않게 있습니다.

016

O자형 다리예요!

"O자형 다리를 교정해서 키를 키울 수 있을까요?"

이런 이유로 성장클리닉을 찾아오는 부모가 많습니다. O자형 다리는 양쪽 발을 살짝 붙인 상태에서 무릎 사이가 붙지 않고 벌어지는데, 특히 무릎 사이가 5cm 이상 벌어진 경우에는 검사를 받아볼 필요가 있습니다. 생후 2세까지는 정상적으로 약간 O자형 다리를 보일 수 있고, 만 2~3세경에는 일시적으로 다리가 곧게 펴지고, 만 3~5세경에는 약간 X자형 다리를 보일 수 있으며, 그 이후에는 다시 곧게 펴지는 것이 정상입니다.

병적인 O자형 다리는 '뼈 자체의 문제'라서 만 3세 이후에는 교정기로 큰 호전을 보이기가 쉽지 않습니다. 만 6~7세 이후에는 수술이 필요합니다. 일반적인 O자형 다리의 경우 관절이나 근육, 인대 등의 문제라면 교정 치료를 고려할 수 있습니다. O자형 다리면서 발목, 무릎 통증도 있다면 전문의의 진료를 받아보는 것이 좋습니다.

선불리 무리하게 쭉쭉이 체조를 시킨다고 다리 모양이 펴지는 것은 아닙니다. 고관절이 유연한 신생아 때는 함부로 체조를 하면 안 되고, 최소 생후 100일 이후 조심스레 유대감을 형성하고 근육을 이완시키기 위해 쭉쭉이 체조를 해도 좋습니다. 절대 아이 관절에 영향을 줄 정도로 힘을 줘선 안 되고 근육을 풀어주는 정도로만 가볍게 합니다.

휜 다리 교정을 위한 보조기 치료도 잘못하면 뼈 사이의 관절을 비트는 힘으로 작용해 관절에 무리를 줄 수 있으므로 우선 전문의의 진료를 받고 보조기가 필요한지 상의해야 합니다.

017

척추가 휘었다고요?

한쪽 어깨나 등, 허리가 반대편보다 튀어나온 듯하여 엑스선 사진을 찍으러 왔다가 실제로 아이의 척추가 휜 것을 보고 깜짝 놀라는 경우가 많습니다. 척추측만증의 심한 정도는 각도로 표시하며, 정면에서 척추를 보았을 때 척추가 10도 이내로 휘었을 때는 측만증이라고 하지 않고, 10도 이상 휜 상태를 척추측만증이라 합니다. 원인이 밝혀지지 않는 경우가 전체의 90%를 차지합니다.

특히 사춘기일 때, 성장호르몬과 성호르몬의 영향으로 척추의 성장이 활발히 일어나는 시기에 척추측만증이 가장 많이 발병합니다.

청소년기에 생기는 특발성 척추측만증은 평소의 나쁜 자세나 생활 습관에 의해서 생기는 것은 아니지만, 자세나 생활 습관에 영향을 받을 수는 있어서 올바른 자세를 유지하는 것이 중요합니다. 운동으로 척추측만증을 교정할 수는 없지만 수영, 필라테스, 척추근 강화 운동으로 척추의 유연성과 근력을 키우면 허리근육통도 예방하고 척추측만증을 더 나빠지지 않게 할 수 있습니다.

사춘기에 접어들어 척추의 급성장이 일어나는 경우는 적극적으로 운동과 보조기 치료를 해야 합니다. 보통 척추의 콥(Cobb) 각도(가장 각도가 심한 두 척추 뼈에서 뻗어나와 만들어진 각도)가 20도 이상에서 측만이 진행하면 보조기를 착용하며, 측만증이 45도 이상인 경우에는 수술을 고려해야 합니다. 하지만 척추 성장이 거의 끝난 경우는 특별한 치료를 받지 않아도 측만증이 진행되지 않습니다.

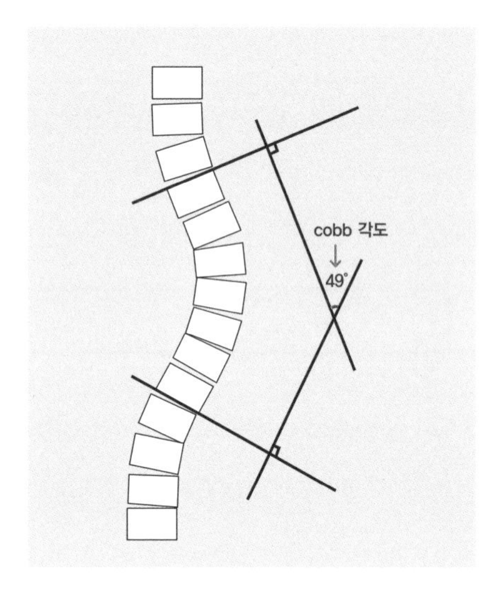

cobb 각도 측정 방법

018

밤마다 팔다리가 아프다는데 성장통일까요?

아이가 낮에는 괜찮다가 밤이 되면 갑자기 팔다리가 아프다고 하는 경우가 있습니다. 성장기 아이들은 주로 양쪽 정강이 또는 허벅지가 아프다고 하는데 대부분 양 무릎과 다리가 똑같이 아픈 것이 특징입니다.

성장통은 성장기 아이 가운데 10% 이상 경험하며 3~12세 아이에게 많이 나타납니다. 쉬거나 잠을 푹 자고 나면 통증은 말끔히 가시지만 밤이 되면 다시 생기는 일이 수일에서 수개월간 반복됩니다.

성장통의 원인은 자라면서 뼈를 싸고 있는 골막이 늘어나 주변 신경을 자극하거나, 뼈는 빨리 자라지만 뼈에 붙어 있는 근육은 그만큼 빨리 자라지 못해 근육이 당겨지면서 통증이 생기는 것으로 추정되며 하지의 피로가 영향을 미치는 것으로 봅니다.

낮 동안 근육에 무리를 주는 심한 운동은 하지 않고, 자기 전에 따뜻한 물로 샤워를 해서 근육 긴장을 풀거나, 마사지를 해주며 따뜻한 물수건으로 찜질을 해주면 혈액순환을 좋게 해 통증이 줄어듭니다.

그러나 갑자기 다리가 아프다거나, 아프다는 부위의 관절이 부어 있거나 열이 나고, 다리를 절며 걸을 때는 성장통보다 다른 질병일 가능성도 있으므로 정형외과 병원에 가야 합니다. 드물지만 일과성 활액막염, 골수염, 화농성 관절염, 류마티스관절염, 대퇴골두 골단분리증, 대퇴골두 무혈성 괴사증(레그-퍼테스병) 등 때문에 아플 수 있기 때문입니다.

019

성장판 마사지를 해야 할까요?

시중에는 성장판 마사지를 하면 성장판이 잘 자란다고, 성장판 마사지기를 팔고 있습니다. 그러나 마사지로 키를 크게 키운다는 학문적 근거는 부족합니다.

성장판의 연골세포가 잘 자라려면 성장판으로 혈류가 원활하게 돌아가서 영양분과 호르몬이 적절히 공급되어야 합니다. 이때 성장판이 있는 부위를 마사지하면 혈류 순환이 원활해지니 성장에 도움이 될 수는 있습니다.

부모가 손으로 해주는 성장판 마사지는 스스로 운동을 잘 못하는 영유아들에겐 중요합니다. 하지만 아이가 스스로 뛰어다니고 운동을 할 수 있는 나이가 되면 직접 뛰는 운동이 좋고 성장판 마사지는 성장보다 정서적인 효과가 더 큽니다. 부모가 아이의 몸을 따뜻하게 마사지하면서 아이는 부모의 사랑을 느끼고 부모와 자녀와의 유대관계가 좋아지는 효과가 있습니다.

020

키 키우는 일리자로프 수술이 뭔가요?

수술로 다리 뼈를 늘리는 방법이 있습니다. 소련의 정형외과 의사인 가브릴 일리자로프가 1951년에 고안한 방법으로 뼈의 기형으로 팔다리가 휘었거나 소아마비 등으로 다리 길이가 다른 경우 짧은 쪽 뼈를 점진적으로 늘려나가는 데 사용되었습니다.

일리자로프 수술은 종아리나 허벅지 등, 뼈를 늘릴 부위의 골막을 절개한 후 그 속의 피질골만 부러뜨리고 골막을 봉합합니다. 원통형 또는 막대 모양의 금속제 고정 기구인 일리자로프 기구를 장착하고 하루에 1mm씩 늘리는 방법으로, 늘어난 부위에 새로운 뼈가 만들어지고 근육과 신경들이 늘어나게 됩니다. 한 달에 0.5~1cm 정도 늘려 6~12개월 후에는 약 6cm 정도까지 키를 늘릴 수 있습니다. 수술 초기에는 '일리자로프'란 원통형 외고정 장치를 사용한 속성연장을 주로 사용했습니다. 요즘은 '프리사이스 수술 방식'으로 뼈 속에 내고정 장치를 넣어 거추장스러움, 통증, 흉터, 감염 등의 위험이 많이 줄어들고 있습니다.

그러나 이런 키 키우는 수술은 남자 키가 160cm 미만이거나 여자 키가 150cm 미만일 때 고려해볼 수 있습니다. 수술 부위 염증과 통증, 신경이나 혈관 손상 같은 합병증이 동반될 위험이 있고 수술 이후에도 수개월간 뼈가 늘어나면서 생길 수 있는 이차적인 다리 변형을 막기 위해 꾸준히 물리치료를 해야 합니다. 이 수술법은 만만한 수술이 아니기에 한쪽 다리가 짧을 때, 부상 또는 유전 때문에 뼈가 휘었을 때, 팔다리가 기형적으로 짧은 연골무형성증 환자나 골절의 후유증이 있을 때에 시행합니다.

3장

큰 질병이 없는데도 잘 자라지 않는 경우

021

온 가족이 다 작아요. 가족성 저신장

우리나라에서 작은 키의 가장 흔한 원인이 가족성 저신장입니다. 집안 내력으로 키가 작은 아이들은 부모 또는 조부모가 키가 작고, 친척 중에도 키가 작은 사람이 많습니다. 매년 꾸준히 4cm 이상 자라지만 계속 또래 아이들보다 작은 편입니다. 사춘기도 제 나이에 시작하며 뼈나이 또한 실제 나이와 비슷하게 자랍니다. 그러나 성인이 되었을 때는 키가 작습니다.

가족력 때문에 키가 작은 경우도 사람마다 정도의 차이가 다양합니다. 하지만 성장클리닉에 가야 하는 상황을 연령별로 정리해보자면, 초등학교 입학 전에 아이의 키가 또래의 평균 키보다 10cm 이상 작으면 병원에 가서 검사를 받아야 합니다.

딸이라면, 초등학교 3, 4학년 무렵부터는 아이 몸을 살펴보는 것이 좋습니다. 이때 가슴이 나오기 시작했는데도 키가 너무 작으면 검사를 받으러 가야 합니다. 아들인 경우에는 5, 6학년 무렵에는 검사를 받는 것이 좋습니다.

성장호르몬 결핍증이 아니라고 하더라도 키가 비정상적으로 작거나 가족성 저신장으로 키가 3백분위수 미만인 경우에는 적절한 시기에 성장호르몬 치료를 하는 것이 키를 키우는 데 큰 도움이 됩니다. 성장호르몬 치료법은 우리나라뿐만 아니라 미국 식품의약국(FDA)과 유럽 여러 선진국에서도 인정하고 있습니다.

성장호르몬 치료는 성장판이 많이 열려 있는 어릴 때 시작하는 것이 효과적입니다. 그러나 아이가 너무 어리다면 매일 주사를 맞아야 하는 치료 과정이 스트레스가 되기 때문에 너무 어릴 때는 권하지 않고 자연 노력을 하다가 초등학교 3, 4학년에 성장호르몬 치료를 시작하는 경우가 많습니다. 이 정도 나이는 되어야 아이가 치료에 대한 부담과 스트레스를 극복할 수 있기 때문입니다.

꼬리에 꼬리를 무는 엄마들의 궁금증

성장호르몬 결핍증이 아닌데 성장호르몬 치료가 효과 있을까요? ▶

022

치아 발달도 늦고, 모든 게 늦어요.
체질성 성장 지연

체질성 성장 지연의 경우 태어날 때 키, 영양 상태, 신체 비율, 부모의 키 모두 정상입니다. 다만 외모가 또래보다 어려 보이며 엑스선 사진을 찍어보면 뼈 나이가 실제 나이보다 어리고 2차성징이 늦게 나타납니다. 부모님도 늦자랐고, 치아 발달도 느리고, 키에 비해 체중이 적은 경우가 많습니다.

엄마가 초경을 늦게 했거나 아빠가 턱수염이 늦게 난 경우, 부모나 부모의 형제, 조부모가 사춘기를 늦게 겪고 어릴 때는 키가 작다가 뒤늦게 큰 경우가 많습니다. 이런 아이들은 또래보다 사춘기가 늦게 시작되고 뼈 나이가 실제 나이보다 1~2년 정도 어려서 늦게까지 자라 성인이 되었을 때는 평균 키에 도달합니다.

늦자라는 아이의 경우는 '성장 장애'가 아니라 '성장 지연'이라고 봅니다. 성장 지연은 뼈 나이 검사로 쉽게 판별할 수 있습니다. 하지만 아무리 늦자라는 아이라도 부모 때보다 사춘기가 많이 빨라졌으므로, 언젠가 자라기를 마냥 기다리는 것은 좋지 않습니다. 늦어도 중학교 입학 전까지는 뼈 나이를 확인하는 것이 바람직합니다.

한편, 먹는 양에 비해 활동량이 너무 많은 아이도 키가 크지 않습니다. 성장하려면 에너지 섭취와 소비가 균형을 이뤄야 합니다. 그런데 영양에 비해 에너지 소비가 더 많으면 잘 자라지 못합니다. 하루에 운동은 1시간 이내로 하고, 충분한 영양 관리를 한다면 다시 키가 잘 자라게 됩니다.

그런데 그냥 사춘기가 늦어 늦자라겠거니 하고 마냥 기다리면 안 되는 경우가 있습니다. 여자아이가 12~13세까지 가슴이 나오지 않고, 남자아이가 14~15세까지 고환이 커지지 않으면 사춘기가 많이 늦은 것입니다. 사춘기가 많이 늦을 때는 단순한 체질성 성장 지연 외에도 영양결핍, 과도한 운동으로 체지방이 매우 적은 운동선수, 터너증후군, 누난증후군, 클라인펠터증후군, 칼만증후군, 뇌하수체 저하증 등 다양한 원인이 있으므로 전문의와 상담하는 것이 좋습니다.

023

작게 태어나 꾸준히 안 자라요. 저체중 출생아

임신기간 40주를 다 채우고 태어났는데 출생 체중이 가벼우면 저체중 출생아(자궁 내 발육지연)라고 합니다. 통상적으로 임신 40주에 출생체중 2.5kg 미만이면 저체중 출생아로 알려져 있습니다. 좀 더 정확하게 우리나라의 경우 임신 40주 만삭을 기준으로 남자아이 2.8kg, 여자아이 2.7kg이면 하위 3백분위수에 해당해 저체중 출생아라고 합니다.

자궁 내 발육지연으로 출생한 아이들 중 80%는 만 2세까지 따라잡기 성장이 되고 만 4세까지 90%가 따라잡기 성장을 합니다. 그러나 만약 만 4세까지 많이 작다면 계속 키가 작고 몸무게도 적게 나가며 어른이 되어서도 키가 작을 가능성이 큽니다.

임신 전 엄마의 영양 상태 또한 아기의 성장 발육에 영향을 미칩니다. 태아는 탯줄을 통해 엄마로부터 공급받는 영양소에 전적으로 의존해 자랍니다. 엄마가 임신 중 심한 입덧 때문에 영양부족이었을 때, 빈혈이나 태반 이상, 고혈압이 있었을 때, 음주나 흡연을 했을 때는 아기가 영양분을 공급받지 못해 미숙아로 태어날 가능성이 높습니다. 엄마

배 속에서 10개월 남짓한 기간에 무려 50cm까지 자라려면 엄마가 건강하고 영양 상태가 좋아야 합니다.

산모가 바빠서 혹은 살찌는 것이 두려워 자주 끼니를 거르거나 다이어트를 하는 임산부들도 있습니다. 자칫하면 영양부족 또는 영양 불균형이 되어 아기에게 직접 해가 될 수 있다는 것을 명심해야 합니다. 흔히 작게 낳아 크게 기른다고들 했지만 엄마 배 속에서 제대로 자라지 못해 너무 작게 태어난 아이들은 태어나 크면서 성장에 계속 문제를 겪는 경우가 많습니다.

엄마 배 속에 있을 때나 태어난 후에도 키가 자라는 데 가장 크게 영향을 미치는 것은 적절한 영양입니다. 특히 출생 후 만 2세까지인 제1급성장기나 제2급성장기인 사춘기에는 영양이 중요합니다. 첫돌까지 1년에 25cm, 만 1~2세에 13cm씩 쑥쑥 자라는 시기인데 이때 구토, 설사 등으로 못 먹어서 제대로 자라지 못하면 나중에 따라잡기 성장이 힘들 수 있습니다.

간혹 아이가 태어날 때부터 작았다는 것이 마음에 걸려 무조건 많이 잘 먹이는 부모들이 있습니다. 이렇게 너무 잘 먹이면 비만이나 성인병인 대사증후군이 생기는 일도 흔하고, 사춘기도 빨리 오게 됩니다. 저체중아로 태어난 아이는 비만아가 되지 않도록 몸무게를 표준으로 유지하는 것이 매우 중요합니다.

024

모유수유 때문에 잘 안 크는 건 아닐까요?

모유수유의 장점이 많다는 건 누구나 알고 있습니다. 모유는 중추신경계 발달에 중요한 콜레스테롤과 DHA가 풍부하고 면역물질과 항체를 포함해서 감염도 줄이고 정서적 안정도 높일 수 있습니다. 그래서 생후 6개월까지는 완전 모유수유를 권장합니다. 완전 모유수유란 비타민, 무기질, 약 외에 물, 분유 등 아무것도 주지 않고 모유만 주는 것을 말합니다.

그런데 모유를 먹이면 분유수유아보다 체중이 작을 수 있다는 연구 결과가 있었습니다. 오래전에는 분유회사가 우량아 선발대회를 주최해서 분유를 먹으면 살이 토실토실하고 건강함을 강조하기도 했었지요. 급성장을 해야 할 영유아 시기에 모유 자체가 칼로리와 영양이 부족하지 않을까? 특히 모유의 양이 많지 않은 경우에 특히나 많은 걱정을 합니다.

정말로 모유수유를 하면 작게 자라는지 궁금해 저의 연구팀은 연구를 진행했습니다. 우리나라는 생후부터 6세까지 아이들의 성장이나 발달 등을 정기적으로 체크하는 영유아 건강검진 시스템이 있습니다. 그래서 2006~2015년 영유아 검진을 받은 아동 547,696명(생후 6개월~6세)의 체격 상태를 분석해보았더니 생후 6개월~4세까지는 완전 모유수유를 한 소아가 분유수유 또는 혼합수유를 한 소아에 비해 키와 체중이 작았지만, 생후 4세 이후에는 이러한 차이가 없어졌음을 확인했습니다.[6] 따라서 '모유수유 때문에 커서도 잘 자라지 않을까?'라는 걱정은 하지 않아도 됩니다.

025

아토피 피부염, 알레르기 비염, 천식이 심해요.

심한 아토피나 천식이 있는 경우 가려움증, 호흡 곤란 등으로 인한 만성스트레스 때문에 깊은 잠을 자지 못하여 수면 중에 성장호르몬이 덜 분비될 수 있습니다. 또한 대부분 예민하고 짜증을 많이 내며, 낮에 친구들과 어울리거나 야외에서 운동을 하는 일도 적어 못 자랄 수밖에 없죠. 비염이 심한 경우에도 마찬가지로 호흡이 원활하지 않아 깊은 잠을 못 잡니다.

아이의 아토피가 심할 때에는 음식을 제한하는 경우가 많아 골고루 영양을 섭취하기가 힘들어지기에 잘 자라지 못합니다. 아주 심한 아토피나 천식인 경우에는 염증성 매개인자가 뼈세포 내의 성장인자 및 콜라겐 합성 과정에 장애를 일으켜 뼈 성장이 느려지기도 합니다.

아토피나 비염, 천식 등 근본적인 질환은 어느 정도 조절해주는 것이 성장의 지름길입니다. 또한 부모가 지레짐작하여 원인이 아닐 수도 있는 음식을 제한하는 경우가 있는데, 아토피일 때에는 부모가 판단하여 무작정 음식을 제한하지 말고 병원을 찾아 원인부터 검사하는 것이 바람직합니다.

흔히 아토피나 천식 치료에 사용되는 스테로이드제 약을 많이 걱정하는데 아토피 치료에 사용되는 연고제는 큰 영향이 없습니다. 알레르기 비염에는 뿌리는 분무제를 사용합니다. 분무제를 하루에 두 번씩 뿌리는 정도로는 성장에 큰 영향을 주지 않지만, 오랫동안 많은 양을 사용하면 성장 장애를 가져올 수도 있습니다. 그러나 아이들의 키 성장은 스테로이드 약보다는 다른 곳에서 더 큰 영향을 받습니다. 질환 자체의 염증인자, 음식 제한, 스트레스, 수면 장애, 산소공급 장애 등이 성장 장애에 더 큰 원인이 됩니다.

스테로이드 약을 오래 복용했다면 ······························▸

026

우유를 마시면 배가 불편해요. 특정 음식이 몸에 안 받아요.

유당 불내성

키와 체중이 작은 아이들 중에는 우유를 마셨다고 하면, 바로 속이 더부룩하고 부글거리고, 배가 아프고, 설사를 하는 경우가 있습니다. 소장에 존재하는 유당 분해효소인 '락타아제'가 부족한 사람이 유당을 섭취하면, 유당이 잘 소화되지 않는 유당 불내성입니다. 이렇게 소화되지 않은 유당은 소장에서 삼투현상으로 수분을 끌어들이고, 팽만감과 경련을 일으킵니다. 그다음에 대장을 통과하면서 설사를 유발하는 것이지요.

대부분의 사람은 유아기까지 몸속에 락타아제가 충분합니다. 성장하면서 다른 음식도 섭취하게 되면 락타아제가 줄어들게 됩니다. 유제품(우유, 치즈, 아이스크림, 요구르트 등) 섭취 정도에 따라서 유당에 대한 소화 능력이 달라지거나 유당을 소화할 수 있는 개인의 능력이 원래 낮은 경우도 있습니다. 소장 세포가 바이러스 등 장내 감염으로 장세포가 손상을 받아 유당 불내증이 생기는 경우도 있습니다.

해결책으로는 부분적으로 소화된 제품(요구르트, 치즈, 가공유)을 먹거나, 너무 차갑지 않은 우유를 먹는 것이 찬 우유를 먹는 것보다 증세가 완화됩니다. 조금씩 자주 마셔서 증세를 점차 치료해 나가는 것이 좋습니다. 우유 대신 치즈, 요구르트 등의 식품을 먹는 것도 좋은 방법입니다. 소화를 돕는 성분을 첨가한 유제품을 구입해도 좋습니다. 우유를 다른 식품과 함께 먹으면 소화가 느려져 훨씬 수월하게 먹을 수 있습니다.

음식물 불내성

우유 외에도 특정 음식을 먹으면 속이 안 좋고 설사를 하는 '음식물 불내성'이 있습니다. 음식물 알레르기는 음식에 대한 면역거부반응이며 음식물 불내성은 특정 첨가물이나 음식에 포함된 물질을 체질적으로 내 몸에서 받아들이지 못하는 경우입니다. 요즘 아이들이 많이 사 먹는 음식물 속에 들어 있는 여러 첨가물 및 색소 등으로 인해 장이 예민한 경우 과민반응을 보이는 것입니다.

아이들은 흔히 광고나 포장에 현혹되어 음식물을 사 먹는데, 아이들이 혼자서 음식물을 사 먹는 일이 많아질수록 배탈이 나는 일도 흔하므로 가능하면 부모가 아이들이 먹는 음식물을 직접 골라주고, 반드시 포장에 표시된 재료나 첨가물을 확인하도록 해야 합니다.

또한 집에서 고기를 먹을 때는 괜찮은데, 식당에서 고기를 사 먹으면 과민반응과 잦은 설사 증세를 보여 병원을 찾는 아이들도 있습니다. 이는 고기를 부드럽게 만들어주는 양념 첨가제인 연육제에 예민한 아이의 몸이 장에서 이상을 일으키는 것입니다. 이런 아이들은 맛이 조금 떨어지더라도 가능하면 가정에서 직접 조리해주는 것이 좋습니다.

음식물 알레르기

반면 음식물 알레르기는 음식물 불내성과는 좀 다릅니다. 알레르기는 먹거나 접촉을 했을 때 면역반응이 일어나는 것입니다. 두드러기나 혈관부종, 입과 눈이 간지럽고 따끔거리거나 목구멍이 붓고, 심하면 쇼크를 일으키기도 합니다. 우유, 계란 알레르기는 1~2세경에 많고 생선, 갑각류, 야채 알레르기는 좀 더 커서 생깁니다. 어릴 때 갖고 있던 우유, 계란, 밀가루 알레르기는 과거에 3세경이면 없어진다고 했지만, 요즘은 7세 이상에서 70~80% 정도가 없어지는 것으로 알려지고 있습니다. 조리법에 의해 알레르기 물질이 변형되어 항원성이 달라져 같은 알레르기 증상이 달라집니다. 음식물 알레르기는 소량으로도 발생하여 쇼크 등 자칫 위험한 상황이 될 수 있어, 무조건 음식을 다 제한할 것이 아니라 전문의의 진료를 받는 것이 좋습니다.

027

주의력결핍·과잉행동 장애(ADHD)로 약을 먹어요.

주의력결핍·과잉행동 장애(Attention Deficit Hyperactivity Disorder, 이하 ADHD)는 지속적인 부주의 및 과잉행동, 충동성을 보이는 신경발달장애입니다. 주의력결핍 증상에는 멍하고, 남의 이야기를 귀담아듣지 않고, 학습 시 주의력이 분산되고, 실수가 잦고, 과제를 끝마치지 못하고, 약속이나 물건을 자주 잃어버리기도 합니다.

한편, 과잉행동 및 충동성의 증상으로는 자리에 가만히 있지 못하고 지나치게 말이 많거나 정신적 노력이 많이 드는 일을 귀찮아하고 성급합니다. 학생들의 약 5% 정도가 ADHD를 겪을 정도로 매우 흔한데, 원인은 뇌 안에서 주의 집중 능력을 조절하는 신경전달물질(도파민, 노르에피네프린 등)의 불균형 때문이거나 혹은 주의 집중과 행동을 통제하는 뇌 기능의 변화가 관련된 것으로 보고 있습니다. 또는 뇌 손상, 뇌의 후천적 질병, 미숙아 등이 ADHD의 원인이 되기도 합니다.

ADHD 아이들은 기본적으로 키가 작고 체중도 작은 경우가 많습니다. 그래서 엄마들은 먹는 약물 때문에 아이가 잘 자라지 않는 것은 아닐까 고민합니다. ADHD 약물 치료는 크게 중추 신경자극제인 메틸페니데이트계나 비중추 신경자극제인 아토목세틴계(노에피네프린 재흡수 차단제)가 많이 처방되고 있습니다.

복약 초기에 식욕이 떨어질 수 있으나 용량을 조절하거나 시간이 지나면서 이런 증상이 다소 좋아집니다. 주로 약물의 효과가 지속되는 점심시간에 식욕이 줄고 저녁시간에 다시 식욕이 조금 회복되는 경향이 있으니 자녀가 ADHD라면 저녁식사만큼이라도 신경을 써야 합니다. 식욕이 줄어들기는 하지만 성장에 미치는 영향은 그리 크지 않으므로 선불리 약을 끊지 말고, 소아정신의학과 선생님과 잘 상의하여 용량을 조절하고, ADHD 증상이 호전되어 몇 년 후 약을 끊게 되면 다시 키가 잘 자랄 수 있습니다.

028

스테로이드 약을 오래 사용했어요.

부신피질 호르몬은 몸에 없어서는 안 되는 중요한 호르몬입니다. 이 호르몬은 염증을 감소시키고 알레르기 반응을 예방하는 효과가 있기 때문에 스테로이드 약은 자가면역 질환, 신증후군 등 다양한 질환의 치료제로 사용되고 있습니다. 특히 천식, 아토피에 효과가 좋아 아이가 천식이나 아토피를 앓는다면 스테로이드 약을 처방받게 됩니다. 만병통치약처럼 여러 질환에 좋은 효과를 발휘하는 약이지만 고용량으로 장기간 복용하면, 스테로이드가 성장판의 분화를 억제해 키가 잘 자라지 않을 수 있습니다.

스테로이드 약은 주사제, 알약, 물약, 피부에 바르는 크림 등 다양하게 있고, 강도가 약한 스테로이드로부터 강한 스테로이드까지 매우 여러 종류가 있습니다. 과량의 스테로이드 약을 수개월 이상 바르거나 먹게 되면 살이 많이 찌고 키는 크지 않을 수 있습니다.

의사의 처방 없이 스테로이드 약을 끊게 되면 질병이 다시 재발하게 되고, 재발한 병을 치료하기 위해 더 긴 시간 동안 약을 사용해야 할 수도 있습니다. 스테로이드 약은 2주 이상 복용했다면 서서히 중단하는 것이 더 중요하므로, 아이의 몸에 맞춰 전문의의 도움을 받아 스테로이드 약을 서서히 끊을 수 있도록 하는 것이 좋습니다.

천식을 치료할 때 사용하는 흡입 스테로이드는 키에 크게 영향을 주지 않습니다. 흡입 스테로이드를 사용했을 때 최종 성인 키에 손실을 미치는 영향은 약 1.1cm 정도이며, 흡입 스테로이드를 써서 키가 안 크는 것보다, 흡입 스테로이드를 안 써서 천식이 조절 안 되고, 천식 자체가 심하면 키가 더 안 클 수 있습니다.

아토피 피부염에서 국소용 스테로이드 연고를 바릅니다. 스테로이드 연고는 무조건 독한 것이 아니고, 질환 정도에 따라 1단계에서 7단계까지 나뉩니다, 순한 단계부터 시작해 하루에 2번, 2주 정도까지는 비교적 안전하게 쓸 수 있습니다. 전문의가 단계별로 조절해주는데, 보호자가 독성이나 내성을 우려해 용량대로 바르지 않아 병을 키우게 됩니다.

신증후군 등 질환이 있을 때는 스테로이드 약을 장기적으로 복용하는데, 몸에서 생성되는 염증 물질과 장기간 과량의 스테로이드 치료로 인해 얼굴은 뚱뚱하게 살이 찌면서 키는 잘 안 자라는 경우가 있습니다.

결론적으로 경구용 스테로이드 약을 장기간 복용한 경우가 아니라면 성장에 큰 영향이 없다고 보면 됩니다.

029

편식이 심하고, 물고만 있고 음식에 관심이 없어요.

잘 먹어야 크고 건강하게 자랄 텐데, 너무 안 먹는 아이들이 많습니다. 입맛이 까다로워서 한 가지 음식만 먹는 아이부터 씹는 것을 싫어해서 물고만 있고 삼키지 않는 아이, 입을 열지 않고 거부하는 아이, 심하게 떼를 쓰는 아이, 어떤 음식은 배가 아프다며 특정한 음식을 피하는 아이까지[7] 편식하는 아이들의 모습은 다양합니다.

편식이 심한 아이

편식이 생기는 이유는 먹는 것 자체에 관심이 없는 경우도 있지만, 다양한 음식을 접하지 못한 경우도 있습니다. 음식 선호도는 대개 4~8세에 결정되는데 이 시기에 다양한 음식을 접하도록 부모가 지속적으로 노력해야 합니다. 물론 편식이 심한 아이는 혀의 맛을 느끼는 미뢰의 밀도가 높고 미각뿐 아니라 질감에도 더 민감하기 때문에 다양한 음식을 먹이기가 쉽지 않습니다. 새로운 음식에 대한 거부감을 줄이기 위해서 먼저 친숙한 음식부터 시작하는 것이 좋습니다. 생소한 음식을 아이에게 줄 때에는 아주 소량의 음식을 주면서 거부감을 최소화해야 합니다.

간혹 한 가지 음식만 많이 먹는 아이가 있습니다. 이럴 때 부모는 아예 먹지 않는 것보다 한 가지 음식이라도 잘 먹는 것이 더 낫다고 생각할 수 있습니다. 하지만 한 가지 음식만 많이 먹는다면 아무리 많이 먹어도 부족한 영양소에 의해 건강이 좌우될 수 있습니다.

음식을 물고만 있는 아이

입에 들어간 음식을 물고만 있는 경우에는 양과 재질을 조절하거나 씹기 훈련을 선행해야 합니다. 이런 아이들은 음식물의 질감에 민감한 경우가 많습니다. 먼저 씹기 좋은 부드러운 음식부터 시작해서 많이 씹어야 하는 질긴 음식으로 단계를 서서히 높여가야 합니다.

음식을 먹다가 사레가 걸리거나 구토를 했거나 두려운 경험을 했을 때에도 그 음식을 거부하는 외상 후 섭취 장애가 발생합니다.

아이의 편식을 줄이는 방법

식사에 흥미를 느낄 수 있도록 다양한 식사 방법을 활용하고, 음식은 예쁜 모양으로 만들어 좋아하는 식기에 소량 담아주는 것이 좋습니다. 그러나 무엇보다 중요한 것은 억지로 먹이기보다 식사는 즐거운 것이라는 것을 느끼도록 하는 것입니다. 따라서 먼저 부모가 즐겁게 먹는 모습을 보여줘야 합니다.

아이들은 성인보다 미각에 더욱 민감하기 때문에 편식을 할 수밖에 없다는 것을 인지하고, 다양한 음식을 맛보게 해야 하며, 재료와 친해질 수 있는 시간을 갖도록 해야 합니다.

일반적으로, 키와 몸무게를 주기적으로 측정해서 키와 몸무게가 정상적으로 늘고 있다면, 편식하고 적게 먹는다고 크게 걱정할 필요는 없습니다.

030

예민하고 스트레스를 많이 받아요.

신경이 예민하고 스트레스를 많이 받는 아이들이 있습니다. 밀린 숙제나 시험 등 일상생활에서 오는 스트레스 정도는 성장에 크게 영향을 미치지 않습니다. 그러나 심한 스트레스는 성장에 영향을 미칩니다.

스트레스를 심하게 받는 경우는 여러 가지가 있습니다. 먼저 가정불화가 심하거나, 아동 학대를 받는 경우가 있지요. 이럴 때 아이가 받는 스트레스는 성장에 크게 영향을 줍니다. 애정 결핍과 정서 불안으로 스트레스를 받는 한편, 영양가 있는 끼니를 제대로 챙겨 먹지 못해 영양 불균형이 되기 쉽습니다. 특히 부모가 이혼한 후 직장 있는 편모 또는 편부와 살면서 혼자 시간을 보내는 아이와 할머니, 할아버지에게 맡겨져 자라는 아이는 스트레스와 더불어 영양 불균형으로 성장 부진을 보이는 경우도 흔합니다.

이 밖에도 부모의 지나친 기대, 공부에 대한 부담, 형제 자매간의 비교나 경쟁으로 인한 스트레스, 왕따 등 친구와의 관계에서 오는 심한 갈등, 자신의 체형에 대한 심한 열등감 또한 성장을 방해하는 심한 스트레스라고 할 수 있습니다.

스트레스호르몬(부신피질 자극호르몬, 코르티솔, 카테콜아민 등)이 많이 분비되면 성장호르몬의 분비와 작용을 억제하게 됩니다. 무의식중에 부모가 자녀에게 하는 말들이 큰 스트레스가 되기도 합니다. 할 것과 하면 안 될 것을 훈육으로 가르쳐야 하지만, 부모가 평정심을 잃고 화내고 소리 지르고 가시가 돋친 말로 아이를 공격한다면 이러한 스트레스는 아이의 성장에도 영향을 미칠 수 있습니다.

부모가 해야 할 일은 최대한 아이의 말을 들어주고 기다려주는 것입니다. 아이가 철이 들 때까지.

꼬리에 꼬리를 무는 엄마들의 궁금증

스트레스. 어떻게 줄여줄 수 있을까요? ··················▶

질병으로 잘 자라지 않는 경우

031

1년에 4cm도 안 커요. 성장호르몬 결핍증

성장호르몬 결핍증은 성장호르몬 분비가 몸에서 제대로 되지 않는 상황입니다.

태어날 때부터 성장호르몬 분비를 잘 못하는 경우로, 성장호르몬 분비 관련 유전자 이상, 뇌하수체 기형, 뇌 기형 등의 원인이 있습니다. 출생 후 뇌하수체 근처의 종양이나 뇌수종, 뇌수막염이 생겨 성장호르몬 결핍증이 생기기도 합니다.

엄마 배 속에서는 성장호르몬이 성장에 큰 역할을 하지 않아 성장호르몬 결핍증이더라도 태어날 때는 정상적인 키와 몸무게로 태어납니다. 그러나 출생 후 성장이 점차 뒤처지고 키에 비해 통통하고 얼굴이 나이에 비해 어려 보이며, 남자아이의 경우 음경이 작습니다. 자주 저혈당 상태가 되고, 선천적으로 시력이 나쁜 경우도 많습니다.

과거에는 가정에서 분만하다가 난산으로 뇌하수체에 산소 공급이 일시적으로 되지 않으면 성장호르몬 분비세포에 손상을 초래해 나중에 성장호르몬 결핍 증세가 나타나기도 했습니다. 최근에는 뇌종양,

백혈병, 방사선 치료 등으로 인해 성장호르몬 결핍증이 되는 경우가 점점 많아지고 있습니다. 뇌종양 때문에 후천성 성장호르몬 결핍이 된 경우에는 갑자기 시력이 나빠지고 두통이 심하며 토하는 증상으로 병원을 찾기도 하며 성장호르몬뿐만 아니라 갑상선호르몬, 성호르몬, 부신피질 호르몬이 함께 부족한 경우도 있습니다. 그러나 뇌종양을 앓았던 아이라면 종양이 남아 있는 경우, 정상세포뿐만 아니라 미세하게 남아 있는 종양세포도 빨리 자라게 할 수 있으므로 성장호르몬을 매우 신중하게 투여하며 여러 가지 상황을 점검해야 합니다.

032

콩팥 기능이 약해도 잘 자라지 못하나요?

한두 번 미세 혈뇨나 미세 단백뇨가 나온 정도가 아니라 만성 콩팥병(사구체 여과율 60ml/분/1.73m² 미만으로 감소가 3개월 이상 지속될 때)이 지속되면 잘 못 자랄 수 있습니다.

만성 신부전에서 키가 못자라는 원인은 다음과 같습니다. 성장호르몬의 농도는 정상이거나 오히려 약간 증가되어 있지만 성장호르몬과 결합하는 단백질(growth hormone-binding protein, GHBP)이 감소되면 성장 장애가 오며 성장호르몬의 대사물인 활성화된 인슐린유사성장인자(IGF-1)의 작용도 감소됩니다. 그 외에도 만성 신부전증에서 영양 장애, 수분 및 전해질 이상, 대사성 산성화와 빈혈 등의 정도에 따라 성장 장애가 심할 수 있습니다. 한편, 만성 신부전에서 오랜 기간 동안 스테로이드 약을 복용한 것도 성장 장애를 초래하는 한 원인입니다.

일반적으로 성장 장애가 6개월 이상 지속될 경우 성장호르몬 치료를 시작하며 신장이식 수술을 할 때까지 계속하게 됩니다. 만성 신부전으로 인한 성장 지연의 경우에 치료 효과가 과학적으로 증명되어 미국 식품의약국(FDA)에서도 치료를 공인했기 때문입니다.

1년에 키 성장 속도가 4cm 미만이거나, 키가 또래 연령의 3백분위수 이하이면서 골연령이 자기 나이보다 감소된 경우에는 성장호르몬 보험 급여 적용을 받을 수 있으며, 성장호르몬이 부족하다기보다는 저항성 상태이므로 성장호르몬 결핍증에서의 용량보다 많은 양으로 치료합니다.

꼬리에 꼬리를 무는 엄마들의 궁금증

성장호르몬 치료에 보험 급여를 받을 수 있나요? ········ ▶

033

피곤하고 잠도 많고 변비도 심해요. 갑상선기능저하증

갑상선호르몬은 에너지 대사와 단백질 합성에 관여하기 때문에 직접적으로 성장판 연골세포를 증식시키고 뇌에서 성장호르몬의 합성과 분비를 촉진합니다. 그래서 갑상선호르몬이 부족한 아이들은 신체적으로나 정신적으로 성장이 지체됩니다. 세포의 수가 급격히 늘어나는 성장기에는 신체 발달과 키가 자라는 데 갑상선호르몬이 꼭 필요합니다.

갑상선기능저하증이 있는 아이는 잠을 많이 자고 자주 피곤해합니다. 또한 행동이 느리고 둔하며 변비가 심하거나 뼈 나이는 매우 어리며 키가 잘 자라지 않습니다.

갑상선기능저하증은 피 검사로 알 수 있습니다. 질병을 진단받았더라도, 갑상선호르몬제를 매일 먹게 되면 여러 가지 증상이 놀라울 정도로 좋아지고 키도 잘 자라게 됩니다.

034

키도 작고 사춘기도 늦어요. 터너증후군과 누난증후군

여자에게만 나타나는 터너증후군

터너증후군은 X 염색체가 1개밖에 없거나 2개가 다 있지만 부분적으로 손실된 경우입니다. 2,500명당 1명 정도로 흔히 발생됩니다.

터너증후군은 가족력과 상관이 없으며, 수정란이 생길 때의 이상으로 발병되는 질병입니다. X 염색체 부위의 SHOX라는 유전자가 소실되어 키도 잘 자라지 않고, 난소가 제 기능을 못해 여성호르몬이 제대로 분비되지 않습니다.

언뜻 보면 겉보기에 정상적인 여자아이와 별 차이가 없어 키가 작다고만 생각합니다. 그러나 사춘기가 되어도 가슴이 나오지 않고 생리도 하지 않습니다. 이때에도 몇몇 부모는 딸의 사춘기가 늦고 늦자라는 경우로 기다리다가 진단이 늦어지기도 합니다.

잘 살펴보면 태어날 때 얼굴과 손발이 부은 것처럼 통통하거나, 목이 짧고 목에 물갈퀴 같은 덧살이 있습니다. 안검하수가 있거나 검은 점이 많거나 중이염에 잘 걸리거나 팔을 내리면 팔꿈치 부분부터 밖으로 벌어지거나 손발톱이 볼록하지 않고 반대로 오목한 특징이 있기도 합니다.

키는 작아 하위 3백분위수 미만이며 성장호르몬으로 치료하지 않으면 성인 키가 143cm 내외로 성장이 멈추게 됩니다. 반면 성장호르몬 치료를 하면 150cm 이상까지 자랄 수 있습니다. 터너증후군은 키가 153cm가 될 때까지 성장호르몬 치료에 보험이 적용되므로 꾸준히 성장호르몬과 여성호로몬을 치료받는 것이 좋습니다.

누난증후군

누난증후군은 염색체는 정상이지만 성장호르몬 신호전달 과정의 유전자의 돌연변이로 생깁니다. 터너증후군에서 나타나는 작은 키, 짧은 목, 목과 어깨가 물갈퀴 모양으로 붙어 있는 증상이 있는 것이 특징입니다.

터너증후군은 여자아이에게서만 나타나지만 누난증후군은 남녀 모두에게 나타납니다. 눈 사이의 거리가 멀고 안검하수증이 있거나 곱슬머리, 오목가슴 등 흉골 이상, 심장 질환, 외반주, 잠복고환, 사춘기 때 나타나는 성장급증 시기가 나타나지 않거나 감소됩니다. 성인의 평균키는 남성은 162cm, 여성은 152cm 정도로 보고되고 있습니다. 성장호르몬 치료의 효과가 좋고, 누난증후군 진단 시 성장호르몬 치료는 건강보험상 급여 항목으로 적용받을 수 있습니다.

035

팔다리가 유난히 짧아요. 연골 저형성증

골격이형성증은 유전자의 변화로 뼈가 잘 자라지 않는 경우를 총칭합니다. 팔 길이가 키보다 5cm 이상 짧거나 앉은키가 너무 크다면 한번 의심해볼 수 있으며 대표적 질환으로 연골 저형성증이나 무형성증이 있습니다.

그냥 키가 안 자라고 '가족성 통뼈'라고 생각하다가 연골 저형성증으로 진단되는 경우가 상당히 많습니다. 뼈 성장에 가장 중요한 성장판은 연골로 구성되어 있는데 연골 저형성증은 FGFR3 유전자 이상으로 연골이 제대로 만들어지지 않는 경우입니다. 성장판의 연골이 완전히 생기지 않는 연골 무형성증보다는 정도가 심한 편은 아니지만 이 경우에도 키가 제대로 자라지 않습니다.

연골 저형성증은 특징이 아주 뚜렷하지 않아 단순히 뼈대가 굵고 짧은 가족성 저신장으로 생각해 그냥 지나치는 경우가 많습니다. 특징을 꼽자면, 연골 저형성증은 키가 작고 사지가 짧고 손발도 작습니다. 구체적으로는 비정상적으로 큰 머리, 튀어나온 이마, 큰 체간, 배가 나오고 등은 쑥 들어가고 둔부가 튀어나오는 특징이 있습니다. 연골 저형성증은 상염색체 우성으로 유전되지만, 가족력 없이 나타나는 경우도 있습니다. 연골 저형성증의 최종 성인 키는 130~160cm 정도밖에 되지 않습니다. 이 질병에 성장호르몬을 사용해야 할지는 계속 연구가 진행되고 있습니다.

연골 무형성증은 연골 저형성증보다 더 심한 경우로 긴뼈가 자라지 못해 팔다리가 매우 짧습니다. 연골의 성장 비중이 큰 긴뼈는 잘 자라지 않지만, 연골의 영향이 적은 척추는 거의 정상으로 성장하므로 몸통에 비해 팔다리가 굉장히 짧습니다. 그래서 팔이 머리 위로 올라가지 않고 내리면 허리쯤에 닿습니다. 머리가 크고 이마가 튀어나오며 코가 납작하고 다 자란 키는 125~130cm 정도입니다.

안타깝게도 연골 저형성증이나 연골 무형성증은 성장호르몬 치료로도 큰 효과를 기대할 수 없습니다. 다만, 일리자로프 수술로 뼈를 늘려 20cm까지도 더 키우는 것을 고려해볼 수 있습니다.

다행히 2021년 말 미국 식품의약국(FDA)에서 연골 무형성증에 특효인 펩타이드 신약을 승인해 조만간 사용되길 기대하고 있습니다.

꼬리에 꼬리를 무는 엄마들의 궁금증

일리자로프 수술이 궁금하다면 ▶ 58쪽

036

출생체중이 작았고 얼굴은 세모형이에요. 러셀실버증후군

러셀실버증후군인 아이는 임신주수에 비해 출생체중이 작게 태어나, 출생 후에도 계속해서 잘 자라지 않고 뼈의 발달이 지연되어 몸집이 왜소합니다. 러셀실버증후군의 외형적 특징으로는 몸집은 작지만 두상이 큽니다. 이마는 넓은 데다, 앞이마는 튀어나오고, 턱이 작고 뾰족해 역삼각형 얼굴 모양입니다. 팔이나 다리가 한쪽은 굵고 한쪽은 가늘어서 비대칭일 수 있고, 다섯 번째 손가락이 살짝 안으로 굽은 경우도 있습니다.

러셀실버증후군은 일반 염색체 검사로는 발견하지 못합니다. 염색체 수가 많거나 적은 것이 아니며, 염기서열의 돌연변이를 확인하는 일반적 유전자 검사로도 발견하지 못하는 경우가 많습니다.

정상적인 염색체 한 쌍은 아빠와 엄마로부터 1개씩 받아야 하나, 7번 염색체 1쌍이 모두 어머니에게서 오거나 11번 염색체의 각인(imprinting) 부위의 저메틸화가 그 원인으로 추정됩니다.

경험이 많은 의사는 외모와 과거력만 듣고도 이 질환을 의심하게 되는데, 아직까지 근본적인 치료법은 없으며 작은 키에 대한 성장호르몬의 치료 효과는 현재 연구를 진행하고 있는 중입니다.

037

너무 뚱뚱하고 고추도 작고 지능도 낮아요. 프라더윌리증후군

프라더윌리증후군인 아이는 출생 초기에는 젖을 잘 빨지 못하고 늘어지며 체중이 잘 늘지 않다가 2~3세부터 식욕이 매우 증가해 심한 비만이 됩니다. 계속 먹고, 고환과 음경이 작고, 학습장애와 강박증이 있습니다. 15번 염색체의 부계미세결실이나 부모로부터 각각 1개씩 유전되어야 할 염색체 2개가 모두 어머니로부터 유래되어 생깁니다.

프라더윌리증후군은 시상하부의 식욕중추의 문제로 인해 먹어도 배부름을 못 느끼고 계속 먹어 고도비만으로 인한 합병증이 문제가 됩니다. 키가 작고 고도비만에 음경도 작아 내원한 아이들 중에 프라더윌리증후군으로 진단받는 경우가 종종 있습니다.

키는 치료하지 않으면 성인 키가 남자는 160cm 미만, 여자는 150cm 미만이지만 성장호르몬 치료를 하면 더 크게 키를 키울 수 있습니다. 근육 힘이 약한데 성장호르몬이 근력 증가에 도움을 줍니다. 그렇지만 고도비만에 따른 당뇨병, 수면 시 호흡 곤란, 척추측만증이 성장호르몬 투여 후에 악화되지 않는지 주의가 필요합니다.

038

키가 작은데 몸통이 유난히 짧아요. 교원질병증

키가 몹시 작은데, 몸통은 짧아 상대적으로 팔다리가 길어 보이는 아이가 진료실로 찾아왔습니다. 목은 매우 짧고, 흉곽은 동그랗게 튀어나오고, 척추후만이 있으며 뒤뚱거리며 걷는 모습에 코는 납작하고 양안거리는 멀어 직관적으로 2형 교원질병증(Collagenopathy) 중에서 선천성 척추골단 이형성증(Spondylo epiphyseal dysplasia, SED)을 의심했습니다. 이후 진행한 엑스선 검사에서도 골단 및 척추가 납작하고 고관절의 이상소견이 있었고 유전자 검사를 통해 콜라겐 2번 유전자의 변이를 확진했습니다.

또 어떤 아이는 키가 몹시 작아 외래를 찾아왔는데, 관절통이 있었고, 이전에 고도 근시가 심해져 망막박리까지 되어 다른 병원 안과에서 수술을 받은 적이 있다고 말했습니다. 이번에는 2형 교원질병증 중에서 스티클러(Stickler)증후군을 의심했습니다. 그리고 유전자 검사로 콜라겐 2번 유전자의 변이를 확진했습니다. 스티클러증후군은 콜라겐 11번, 9번 등의 변이로도 생길 수 있습니다.

콜라겐은 성장판을 성장시키는 기질로 작용하므로 콜라겐 유전자의 이상이 있으면 키가 매우 작습니다. 그 외에도 콜라겐은 연골조직, 눈의 초자체, 추간원판수핵, 심장판막을 만드는 중요한 성분이기 때문에, 고도근시, 고관절 및 관절장애, 고관절탈구, 척추측만·후만증, 심장승모판 탈출 등이 동반될 수 있습니다.

외형이 아주 이상하지는 않지만, 몸이 많이 유연하거나 체간이 짧은 저신장에 고도근시가 있고, 어린 나이에 관절통, 조기퇴행관절염, 척추측만·후만증 등이 있을 때 콜라겐 질환을 의심해볼 수 있습니다.

아쉽게도 성장호르몬을 치료해도 키 크는 효과가 적고 키를 늘리는 사지연장술도 관절에 하중을 줘서 관절이 빨리 망가지므로 오히려 해롭습니다. 정확한 진단을 받게 되면 살아가면서 무엇을 조심해야 하는지, 혹은 불필요한 치료는 하지 않는 등 방향 설정을 해줄 수가 있습니다.

039

먹었다 하면 화장실 가서 설사해요.
염증성 장질환

키가 작고 체중이 적게 나가 성장클리닉을 내원하는 아이들 중에는 음식을 먹기만 하면 배가 아파 바로 화장실을 가고 설사를 하는 경우가 많습니다. 복통과 설사뿐 아니라 심한 경우에는 혈변까지 보기도 하지만, 그냥 장이 약하겠거니 하며 유산균제나 보약을 먹으며 병을 키우는 경우가 많죠. 잦은 복통과 설사가 있다면 꼭 소아과에 내원하여 진료를 받는 것이 좋습니다.

염증성 장질환은 유전적 요인이 있는 상황에서 서구적 식사 등의 환경 변화가 원인입니다. 아이의 몸이 세균 침범에 대해 과도하게 면역 반응을 보이고 이것이 장내 미생물도 영향을 주어 장에 쉽게 염증이 일어나는 상황입니다.

크론병이나 궤양성 대장염은 장에 생긴 염증이 6개월 이상 지속되어 만성화된 상태입니다. 섭취량이 부족하고 장내 흡수장애가 있고, 만성 염증 상태에서는 칼로리 소모가 많으며 몸속에 신호전달물질이 성장호르몬 작용을 방해하여 자라지 않게 되는 것입니다.

염증성 장질환은 간단히 대변 검사에서 칼프로텍틴이라는 물질을 측정하여 검사를 하고, 필요시 내시경 검사를 하게 됩니다. 경장영양 치료를 해서 장 점막을 치유하면서 항염증제, 스테로이드 약, 면역조절제, 생물학적 제제 등 체계적인 치료를 받는다면 체중도 늘고 키도 서서히 잘 자라게 됩니다.

040

몸에 중금속이 높아 자라지 않는 걸까요?

2002년 미국에 연수를 갔을 때의 일입니다. 동네의 아이가 비실비실 하고 못 자랐지만 원인을 못 찾다가 결국 몸속의 높은 납 농도 때문임이 밝혀졌습니다. 미국의 노후된 집의 페인트, 수도관 등을 통해 납이 많이 노출된 것으로 판명되었습니다.

오래전에 메일폭스 박사도 원인 모를 어지러움, 피로, 시력 저하, 통증, 보행 이상 등으로 고생하다가 나중에야 그 원인이 치위생사로 근무하면서 아말감 속의 수은에 노출되었기 때문이란 것을 알게 되었고, 수은 해독 치료 후 건강이 회복된 사건도 있었습니다.

우리는 알게 모르게 중금속에 노출되어 살고 있고, 증상을 잘 호소하지 못하는 아이들은 성장 장애가 유일한 증상으로 나타날 수 있습니다. 중금속은 우리 몸에서 대사되지 않고 축적되어 알레르기 반응을 일으키고, 몸에 나쁜 활성산소를 만들며 심지어 유전자를 변이시킬 수도 있습니다. 여러 중금속 중에서 특히 수은, 납, 알루미늄, 비소, 카드뮴 등이 문제가 됩니다.

일상생활 속 다양한 중금속

'수은'의 노출원은 큰 생선(연어, 참치, 고등어) 등을 섭취했을 때입니다. 치과용 아말감은 요즘은 사용되지 않지만, 헤어 컨디셔너, 화장품, 살충제, 건전지 등을 통해서도 수은에 노출될 수 있습니다. 주로 신경세포를 손상시켜 기억 저하, 보행장애, 시각, 청각장애, 떨림 등 증상을 보입니다.

'납'은 금속이나 페인트, 수질 오염, 장난감, 염색약, 살충제, 담배연기, 잉크, 도자기 유약 등을 통해 노출되어 뼈, 심장, 신장, 간, 신경계에 축적되어 있다가 혈액과 신경계 장애, 만성 빈혈을 일으킵니다. 2016년에 저의 연구팀은 우리나라 청소년 1,585명의 혈중 납 농도를 분석했습니다.[8] 분석 결과, 외국 청소년보다 우리나라 청소년의 혈중 납 농도가 높았습니다. 따라서 납 성분이 포함된 장난감이나 액세서리, 학용품 등에 대한 보다 엄격한 기준과 주의가 필요합니다.

'알루미늄'은 알루미늄이 들어 있는 약(제산제), 조리 기구, 알루미늄 포함 베이킹파우더, 호일 등을 통해 노출되어 뼈, 신장, 뇌에 축적되며 칼슘대사 및 뼈에 장애를 유발하고 인지기능 장애를 일으킵니다.

'비소'는 우리나라 사극에서 나오는 사약의 성분으로 신경독성이 있습니다. 과다 섭취 시 두뇌 발달 및 면역 저하 등 문제가 생기지만 적정농도 이하면 너무 걱정할 필요는 없습니다. 다른 곡식보다 백미나 현미에 비소가 많습니다. 매일 먹는 쌀에 비소가 있다니 깜짝 놀랄 수도 있을 텐데요. 쌀에 있는 비소는 쌀을 충분히 물에 불려 여러 번 헹

구면 떨어져나갑니다. 만 2세부터는 잡곡을 섞어 먹여도 되니 흰쌀밥보다 잡곡을 많이 섞어 먹는 것이 좋습니다. 쌀의 원산지마다 비소의 함량이 다른데 국내산 쌀은 외국산 쌀보다 비소 함량이 낮습니다.

'카드뮴'은 광산이나 제련소 인근의 오염된 토양에서 재배된 농작물이나 어패류를 섭취했을 때 혹은 페인트 색소, 담배 연기를 통해 노출되며 피로, 식욕 감소, 체중 감소, 구토 등의 증상을 보입니다.

중금속의 예방과 치료

예방법은 황사가 심한 날 미세먼지를 통해 중금속이 몸에 들어와 성장 장애나 비만을 일으킬 수 있으니 미세먼지가 심한 날은 노출을 피해야 합니다.[9] 아이들은 큰 생선(연어, 참치 등)을 먹지 않는 것이 좋을 수 있습니다. 담배 연기를 통해서도 중금속이 노출되니 흡연을 삼가해야 합니다. 흠집이 나거나 코팅이 벗겨진 조리 도구에서 알루미늄, 납, 카드뮴, 크롬, 니켈 등 중금속이 녹아나오며 염분이나 산성이 강한 음식을 끓일 때 특히 많이 용출되므로 손상된 조리 도구는 빨리 교체해야 합니다. 한편, 중국에서 수입된 오염된 한약제에서도 중금속이 검출된 사례가 보고된 바 있어 원산지를 믿을 만한 곳에서 신중하게 선택해야 합니다.

중금속 노출 정도를 진단하기 위해서 혈액, 소변, 혹은 모발중금속 검사[10] 등을 통해서 노출 정도를 확인하지만 통상적으로 시행하지는 않으며 반드시 검사기관이 신뢰할 수 있는 곳이어야 합니다.

만약 중독 수준으로 확인되면 병원에서 약물을 투여하는데, 이 약물이 몸속의 중금속과 결합해 소변으로 배출시키는 킬레이션 치료를 합니다. 평소 물을 많이 마시도록 하고 비타민C와 미네랄(아연, 셀레늄), 식이유황(MSM, Methyl-Sulfonyl-Methane) 등으로 도움을 받을 수 있습니다.

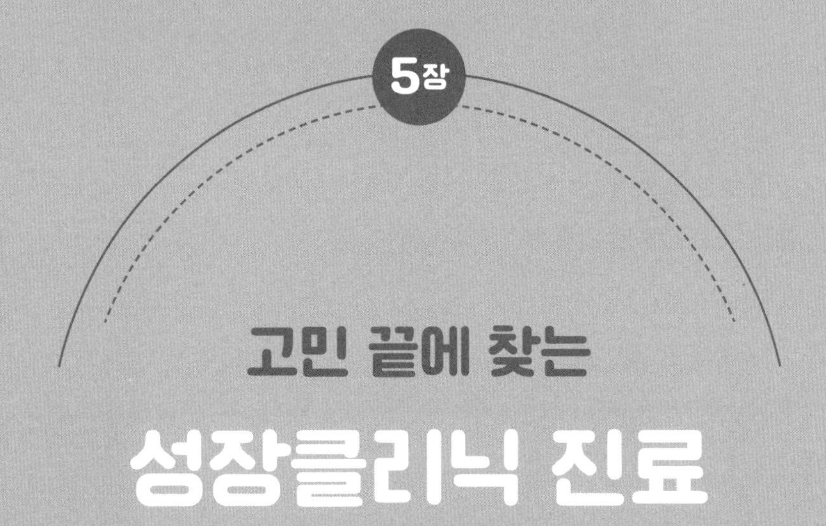

5장

고민 끝에 찾는 성장클리닉 진료

041

언제쯤 성장클리닉 진료를 받을까요?

"주변에서는 일찍부터 성장클리닉을 방문해 진료를 받는다고 하는데 성장클리닉은 몇 살 때 가면 좋을까요?"

성장클리닉에 방문해야 하는 시기는 아이마다 다릅니다. 하지만 평균적으로 가장 많이 내원하는 시기는 있습니다. 바로 아이가 초등학교 저학년일 때입니다. 부모가 아이를 보며 '언젠가 크겠지' 하고 기다리다가 초등학교 입학 후 다른 아이들 사이에 서 있는 내 아이를 보며 작다는 것을 실감하고 성장클리닉에 내원하는 것입니다. 대부분 인터넷 매체를 통해 이런저런 보조제나 별별 방법을 시도해보다가 효과가 신통치 않아 그제야 성장클리닉에 내원하게 됩니다.[11]

심각한 저신장(3백분위수 이하)이거나 심각한 저체중(5백분위수 이하)일 때, 혹은 적어도 6개월 간격으로 키를 재서 성장곡선에서 점점 하향으로 키가 속한 지점이 내려갈 때는 언제든지 병원 진료를 받으시기 바랍니다. 다음의 도표를 참고하세요.

또 그동안 잘못된 생활 습관이 있었다면, 전문의 진찰을 받은 후 아이의 생활 습관이 개선되는 경우가 많습니다. 성장클리닉 진료를 받는다고 모두 다 혈액 검사를 하는 것이 아니며 모두 다 성장 치료를 하는 것은 아닙니다.

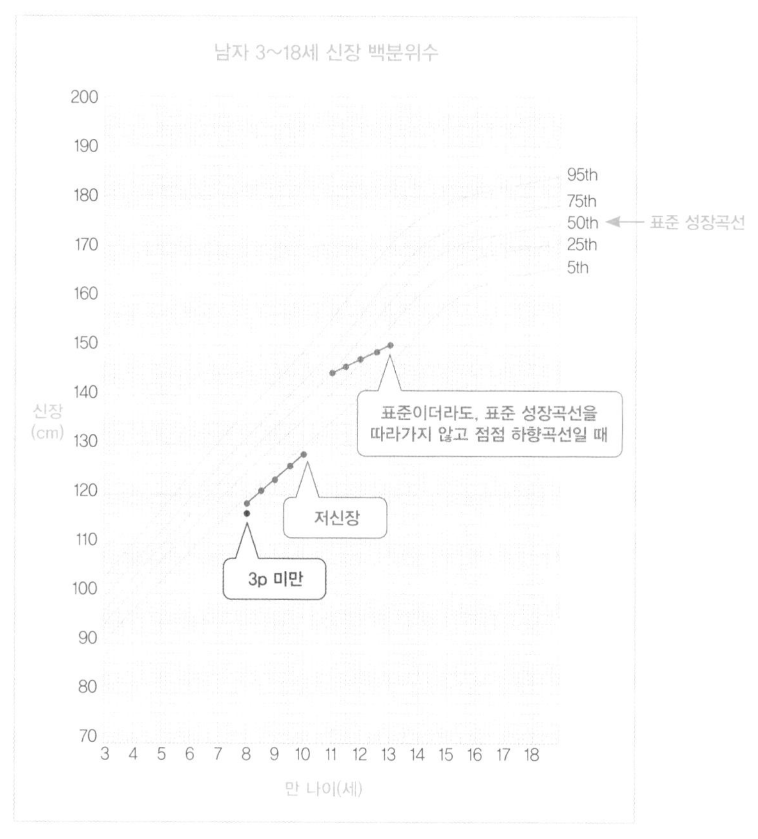

성장곡선에서 하향으로 내려가면 병원을 내원하세요.

042

성장클리닉 진료 전에 준비할 것들이 있나요?

아이가 성인이 됐을 때의 키를 최대한 오차 없이 계산하려면 부모의 정확한 키가 필요합니다. 의사가 부모의 키나 몸무게를 물으면 솔직하게 대답해야 하며 부모의 키가 작은데 괜히 키를 부풀려서 말하면 아이의 장래 키를 정확히 예측할 수 없게 됩니다.

키와 마찬가지로 부모의 사춘기가 언제 왔는지도 중요합니다. 부모의 사춘기가 빠른 경우에는 자녀의 사춘기도 빠를 확률이 높기 때문입니다.

엄마의 초경 연령, 아빠의 사춘기 시기를 가능하면 기억해 가는 것이 좋습니다. 또한 규칙적으로 아이의 키와 몸무게를 정확히 잰 기록과 그동안 앓았던 질병 기록, 부모가 보았을 때 성장과 관련하여 좀 특이하게 느꼈던 점 등을 메모해 가면 좋습니다.

아이가 태어났을 때의 키와 몸무게

성장 과정을 아는 데 도움이 됩니다.

매년 실시한 신체검사 기록표

아이가 초등학생이라면, 학교에서 매년 신체검사를 하므로 담임 선생님에게 부탁하면 됩니다. 그 이하의 연령은 영유아 검진 자료나, 소아과에서 잰 체격 정보를 들고 가면 됩니다.

조부모, 부모, 형제자매의 키와 몸무게

가족력을 파악하는 데 도움이 됩니다.

가족들의 사춘기 시작 연령

엄마가 초경을 한 나이, 아빠가 변성기가 오고 턱수염이 난 나이, 부모가 몇 살 때부터 키가 더 이상 자라지 않았는지 등을 알고 가면 좋습니다.

성장 치료에 대해 궁금한 점 메모

의사와 상담할 내용을 미리 수첩에 세세히 적어 가서 보여주는 것도 좋습니다. 한정된 진료 시간에 내가 원하는 상담을 조금이라도 더 할 수 있습니다.

043

성장클리닉 진료 시
아이에게 어떻게 말해줘야 할까요?

30여 년 성장클리닉 진료를 하면서 다양한 경우를 접합니다. 그중에서도 아이에게 왜 병원에 가는지 한마디 설명도 안 한 채 엄마가 아이를 데리고 진료실에 들어오는 경우가 있습니다. 이때 의사가 신체를 진찰하자고 하면 아이는 당황하며, 사춘기를 겪는 아이는 엄마와 화내며 싸우게 됩니다. 그렇게 옥신각신하다 진료 시간을 지체하기도 하고, 아이가 갑자기 진료실을 뛰쳐나가버리는 경우도 있습니다. 그러므로 부모가 아이에게 납득이 가게 설명을 한 후 성장클리닉 진료를 보아야 합니다.

"의사 선생님이 네 몸을 자세히 진찰해서 또래 친구들과 비교를 할 거야. 진찰할 때 아픈 것은 없고, 엄마가 옆에 있을 테니 걱정하지 않아도 돼."

"키가 잘 크려면 사춘기 단계를 체크해야 해. 의사 선생님이 성기를 직접 보고 고환 크기를 재는 것이 가장 정확해. 만일 네가 정 불편하다면 간접적으로 사춘기 단계를 체크하는 다른 방법을 알아볼게."

"의사 선생님이 여자(혹은 남자)여도 괜찮니?"

성호르몬이 매우 높은 성조숙증으로 진단되었다고 하면 그때부터 대성통곡을 하시는 엄마도 있습니다. 곁에 있는 아이는 내 몸에 큰일이 났구나 생각하고 더욱 불안에 사로잡히게 됩니다. 저는 진찰을 한 후, 예후에 대한 설명을 할 때는 아이를 진료실 밖으로 내보내는 편입니다. 아이에게 잠깐 나가 있으라고 하지만 호기심이 많은 사춘기 아이는 끝끝내 나가지 않거나 부모도 아이가 같이 결과를 듣길 원하다가 결국 문제가 터지는 경우도 있습니다.

"진찰이 끝났으니 잠깐 밖에 나가 있어. 엄마가 선생님께 먼저 설명을 듣고 나가서 자세하게 다시 설명해줄게. 걱정 안 해도 돼."

아이를 안심시킨 뒤 결과를 들을 때 절대 평정심을 잃지 말고, 차분하게 메모하는 것이 좋습니다. 1차 진료 후에 또 아이에게 설명을 해야 하기 때문입니다.

"의사 선생님이 네가 친구들보다 조금 일찍 가슴이 나왔다고 말하셨는데, 대부분 별거 아니지만 그래도 한 번 더 정확히 검사해보는 게 좋대. 그래야 더 건강하게 클 수 있거든."

반면 큰 절망에 빠져 아이에게 혼을 내는 부모도 있습니다.

"엄마 말 안 듣고 밤늦게 핸드폰만 보더니 성장판 다 닫혀간단다. 이제 끝장이다."

부모가 아이를 공격하고 좌절시키면 아이는 운동도 공부도 모든 것을 포기하는 경우도 있습니다. 마지막 남은 성장판이 조금은 더 자랄 수 있으니 끝까지 격려해야 합니다.

"이제 키가 자랄 시간이 1년 정도가 남았대. 그래도 노력하면 좀 더 클 수 있어."

"검사 결과, 모두 다 정상이야. 이제부터 골고루 먹고, 운동하고 일찍 자고 마음을 밝게 가지면 크게 클 수 있대. 한번 같이 노력해서 3개월에 2cm를 키워보자."

똑같은 진료를 받고도 아이가 집에 가서 생활 습관도 고치고, 노력해서 좋은 결과로 이어지는 경우와, 쏟아지는 엄마의 잔소리에 아이가 절망에 빠져 아무것도 안 하려 하는 경우가 있습니다. 의사의 배려 깊은 말도 중요하지만, 더불어 부모가 아이에게 조곤조곤 다시 설명해주며 생활 패턴을 바꿀 때 큰 차이가 날 수 있습니다.

044

성장클리닉에서는 어떤 검사를 받게 되나요?

성장클리닉에서의 검사는 아이의 상태에 따라 달라집니다. 그리고 의사의 판단에 따라서도 다릅니다. 의사의 판단 아래 아주 간단하게 손목뼈, 성장판 사진 촬영만 할 수도 있고 혈액 검사를 할 수도 있습니다. 여기까지는 간단한 검사에 속하는 편입니다. 그런데 키가 3백분위수 미만이면서 성장호르몬 결핍증이 의심되면 하룻밤 입원하여 여러 가지 정밀 검사를 해야 하는 경우도 있습니다.

1단계 : 뼈 나이 (성장판) 엑스선 검사

엑스선 검사로 뼈 나이가 몇 살에 해당되는지 판정하고 성장판이 열려 있는 정도를 파악합니다. 정상인 경우 뼈 나이가 자기 나이와 같으며, 병적인 저신장의 경우 뼈 나이가 자기 나이보다 2~3세 어리게 나타납니다. 대부분의 아이는 이 검사만으로도 자기 나이와 비슷하게 잘 자라는지, 뼈가 늦게 자라는 타입인지, 사춘기 성숙이 좀 빠르게 진행될 것인지, 성장판이 닫혔는지 정도를 대략 알 수 있습니다. 골격계 이상이 의심되면 여러 부위의 골격을 엑스선 사진으로 찍을 수도 있습니다.

2단계 : 혈액 검사와 소변 검사

만성 질환이 있어도 키가 잘 자라지 않으므로 혈액 검사로 빈혈 여부, 간과 신장(콩팥) 기능, 칼슘, 인, 단백질 농도와 전해질 상태, 염증인자 수치 등을 체크합니다. 또한 키 성장에 관여하는 중요한 성장호르몬의 대사물질인 인슐린유사성장인자(IGF-1), 갑상선호르몬, 갑상선자극호르몬, 성호르몬이 정상 분비되고 있는지 알아보는 검사를 하기도 합니다.

이 중에서 특히 IGF-1이라는 성장인자는 매우 중요합니다. 성장호르몬이 간에서 대사되어 만들어진 물질로 이 농도가 매우 낮으면 성장호르몬 결핍일 가능성이 높기 때문입니다. 소변 검사에서는 염증, 단백질, 당이 소변으로 배출되는지 확인합니다.

만약 염색체 이상으로 키가 크지 못할 가능성이 많다고 판단되면 혈액으로 염색체 검사를 할 수 있고, 특수한 유전자의 이상에 기인할 것으로 판단되면 유전자 검사를 하게 됩니다.

3단계 : 성장호르몬 자극 검사 (입원 검사)

의사의 판단으로 성장호르몬 결핍증의 가능성이 크면 입원 검사를 권유합니다. 성장호르몬은 약 3시간 간격으로 다량 분출되다가 잦아

들며 파도치듯 분비되기에 측정 시기에 따라 농도가 높을 때도 있고 0에 가까울 때도 있기 때문입니다. 한 번의 혈액 검사로는 성장호르몬이 잘 분비되는지 정확하게 파악하기 어려워 성장호르몬 결핍증이 의심되는 경우에는 하루 입원하여 정밀 검사를 하게 됩니다.

금식 후, 두 가지 이상의 약물로 성장호르몬 분비를 자극한 후 시간 간격을 두고 여러 차례 채혈을 합니다. 혈중에서 성장호르몬 최대치가 10ng/ml 이하(어떤 연구에서는 7 이하)이면, 성장호르몬 결핍으로 진단합니다. 성장호르몬 최대 수치가 3 미만이라면, 심한 성장호르몬 결핍으로 성인이 된 후에도 회복되지 않는 결핍증일 수도 있습니다.

검사를 할 때마다 새로운 주삿바늘로 찌르지 않고 아주 작은 주삿바늘을 꽂아 놓고 30분마다 소량씩 채혈하여 성장호르몬 등 여러 호르몬의 분비 능력을 검사합니다. 성장호르몬 분비 자극 검사에서 분비된 여러 번 측정한 성장호르몬 농도가 한 번도 10ng/ml를 넘지 않는다면 성장호르몬 결핍증으로 간주합니다. 간혹, 비만 아동은 성장호르몬 분비가 억제되어 있어서 성장호르몬 검사 결과에서 10ng/ml 이하로 나오지만 진짜 성장호르몬 결핍증은 아니며 체중이 정상으로 되면 성장호르몬 분비가 정상으로 되는 경우도 있습니다.

4 단계 : 뇌 MRI

성장호르몬 결핍증으로 진단되었거나 뇌에 문제가 있는 것으로 판단되면 뇌 MRI를 찍어 성장호르몬 합성과 분비에 관련된 뇌하수체나 시상하부, 뇌종양이나 저형성, 이형성 등에 이상이 없는지 확인합니다.

MRI는 CT와 달리 방사선 노출이 없고 정확한 부위를 확인할 수 있지만, 30~50분 정도 움직이지 않고 누워 있어야 하므로, 어린 나이의 아이는 잠자는 약을 먹은 후 찍어야 합니다.

045

뼈 나이 검사를 할 때는 어느 부위를 엑스선 촬영하나요?

세계적으로 공용된 방법은 왼쪽 손과 손목을 촬영해 뼈들의 모양을 확인하는 것입니다. 왼손을 찍는 이유는 너무 많이 사용하는 손의 뼈 나이는 다른 쪽보다 연령이 높게 나올 수 있기 때문입니다. 그렇기 때문에 오른손잡이는 많이 안 쓰는 왼쪽 손을, 왼손잡이는 오른쪽 손 사진을 찍게 됩니다.

사춘기 급성장기에는 손 사진뿐만 아니라 팔꿈치 관절 부위와 측면 사진을 찍어 4군데 석회화 부위를 관찰하기도 합니다. 사춘기 급성장기 첫 2년 동안은 6개월 간격으로 팔꿈치머리(Olecranon)에 변화가 명확해서 이를 보고 뼈 나이를 읽게 되며 이를 사우버그레인(Sauvergrain) 판독법이라 합니다.

사춘기 후반부에 급성장이 둔화되는 시기에는 골반뼈 사진을 통해 더 성장할 여지가 남았는지 성장을 예측할 수 있습니다. 골반뼈를 촬영하면, 이전에 보이지 않던 골반뼈의 화골핵이 앞쪽에 보이게 되는데 이때를 '리서(Risser) 1단계'라고 합니다. 총 5단계까지 각 단계별로

6개월 정도 소요되며 여자아이는 리서 1단계 정도에서 초경을 하게 됩니다. 리서 단계가 시작되면 성장 속도가 줄어들기 시작합니다. 여자아이는 리서 4단계에 성장이 거의 멈추고 남자아이는 5단계에 성장이 거의 멈춥니다.

손목의 성장판이 닫혀 팔다리는 다 자란 후에도, 척추뼈는 더 늦게까지 자라납니다. 척추뼈의 남은 성장 시기 역시 골반뼈를 통해서 확인할 수 있습니다. 척추뼈는 보통 척추측만증을 앓고 있는 환아일 때 보게 됩니다. 성장이 거의 끝났으니 측만은 더 심해지지 않겠다거나 혹은 아직 성장할 여력이 남아 있으니 측만이 더 심해질 확률이 높다는 것을 생각해 적극적 치료 시기를 결정할 때 척추뼈를 확인합니다.

뼈 나이는 6개월에서 1년마다 측정해볼 수 있습니다. 뼈 나이를 촬영할 때 노출되는 방사선량은 우리가 하루에 일상생활에 노출되는 방사선량 정도로 매우 소량이므로 걱정하지 않고 찍어도 됩니다.

046

의사마다 뼈 나이를 다르게 판독할 수 있나요?

아이의 뼈 나이를 알기 위해 두 병원에서 검사를 했는데, 결과가 다르게 나왔다며 질문하는 부모가 있습니다. 걱정이 많은 부모는 전문의 두 사람을 찾아가 교차진료를 받기도 하기 때문이죠. 뼈 나이 판독은 아틀라스 책을 기준으로 판단합니다. 그런데 판독을 하는 전문의가 어떤 아틀라스 책을 기준으로 하느냐에 따라 결과에 차이가 납니다. 전 세계적으로 많이 이용하는 것은 '그루뤽·파일(Greulich & Pyle, 이하 GP법) 판독법'과 '태너·화이트하우스(Tanner & Whitehouse, 이하 TW법) 판독법'입니다.

그루뤽·파일법(GP법)

GP법은 그루뤽 박사와 파일 박사가 집필한 《손과 손목의 골격 발달에 관한 방사선 도감 Radiographic Atlas of Skeletal Development of the Hand and Wrist》을 참고로 판독합니다. 이 책에는 왼쪽 손과 손목의 뼈 30개의 사진을 기준으로, 연령별 표본 방사선 사진이 나열되어 있기

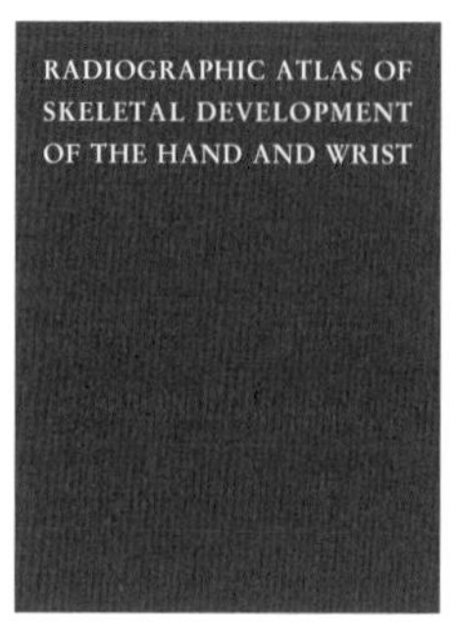

그루릭 · 파일법

태너 · 화이트하우스법

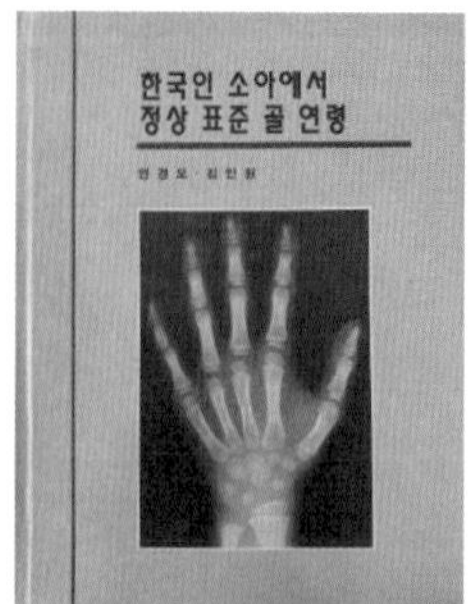

한국 소아 골연령 도감

때문에 골연령을 측정하는 데 빠르고 간편하게 판독할 수 있습니다. 그러나 이 도감은 미국 백인 아동 1,000명을 대상으로 만든 자료이며, 오래전인 1959년에 만들어졌다는 제한점이 있습니다.

태너·화이트하우스 판독법(TW법)

TW법은 미소아내분비 의사인 태너 박사와 화이트하우스 박사가 집필한《골연령판정과 성인신장의 예측 Assessment of skeletal maturity and prediction about height》책을 보고 판독합니다. TW법은 왼쪽 손과 손목의 엑스선 사진을 찍은 후 7개의 수근골과 13개의 뼈 부위(척골, 요골, 수절골)를 합쳐 총 20개 뼈 모양을 분석해 성숙 정도에 따라 A부터 I까지 9등급으로 분류합니다. 그리고 각각의 등급 가중치에 따라 점수를 부여해 0부터 100점까지의 점수로 골 성숙도를 판정합니다.

1980~1990년대에 미국 텍사스(Texas) 및 스위스 아동을 대상으로 만

들어 2001년에 발표된 자료인데, 판독하기에 상당한 시간이 소요됩니다.

한국 소아에서 정상 표준 골연령 판독법

한국의 영상의학학회를 중심으로 연경모, 김인원 박사가 한국 정상 아동 3,407명을 대상으로 횡단적으로 자료를 수집하여 한국 소아 골연령 도감으로 1999년에 출간한 책을 참고하기도 합니다.

뼈 나이는 어떤 화골핵을 기준으로 보느냐에 또 차이가 있습니다. 같은 화골핵이라도 의사가 보는 화골핵에 따라 뼈 나이가 더 어리게 측정될 수 있고, 반대로 뼈 나이를 좀 더 많이 측정할 수 있는 것이지요.

심한 경우, 판독하는 의사에 따라 약 1~2년 정도 차이가 날 수도 있습니다. 그렇기 때문에 한 명의 전문의가 아이를 꾸준히 관찰하며 판독한 결과에서 얼마나 진행했는지를 확인하는 것이 좋습니다.

047

뼈 나이 검사만으로 괜찮을까요? 입원해서 정밀 검사를 해야 할까요?

키가 자랄 가능성은 우선 뼈 나이로 대략 판단이 가능합니다. 연령별 평균 키와 비교했을 때 키가 평균보다 1년 이상 느리면 그만큼 늦게 자랄 가능성이 있으나 뼈 나이가 1년 이상 빠른 경우에는 빨리 성장이 끝날 수 있어 주의를 기울여야 합니다. 뼈 나이는 실제 나이와 딱 맞아 떨어지지는 않으며 골격계 이상이나 내분비 이상 등 성장 장애를 일으키는 질병이 있는 아이들은 보통 아이들과 뼈 나이가 매우 다르게 나타납니다. 결론적으로 말해 뼈 나이가 자기 나이보다 2~3년 이상 너무 늦거나 너무 앞서 있으면 정확한 원인 검사가 필요할 수 있는데, 원인을 정확히 알기 위해 혈액 검사가 필요하기도 합니다.

성장호르몬 정밀 검사가 필요한 경우

성장호르몬 분비 상태를 정확히 보려면 성장호르몬 분비 자극 검사를 해야 하며, 이 검사는 병원에 입원하여 1박 혹은 2박 지내면서 하게 됩니다. 입원해서 이런 검사가 필요한 경우는 크게 2가지입니다.

첫째, 키가 3백분위수 미만인 아이들입니다. 3백분위수는 쉽게 말해서 또래 아이 100명을 키순으로 줄지어 놓았을 때 앞에서 3번째 안에 드는 아이들을 말합니다. 이런 아이들을 검사해보면 성장호르몬 결핍이 있는 경우가 많습니다.

둘째, 1년에 4cm 미만으로 자라는 아이입니다. 평균적으로 아이들의 키 성장을 살펴보면, 태어나서 돌 때까지는 1년에 2~5cm, 돌에서 두 돌까지는 1년에 12.5cm 정도 자랍니다. 이후로 만 6세까지는 1년에 6~7cm 자라 만 4세경에는 키가 100cm 정도 됩니다. 초등학교 들어가서 사춘기 전까지는 1년에 5~6cm 정도 자랍니다. 어느 시기를 보더라도 연 5cm 이상 자라야 합니다. 1년 동안 4cm 미만으로 자라면 병적 원인이 있는 경우가 많습니다.

048

염색체 검사, 유전자 검사, 정밀유전자 검사는 어떻게 다른가요?

세포의 핵 내에는 유전 정보를 담은 46개의 염색체가 있습니다. 이 염색체 내는 2만여 개의 유전자로 이루어져 있으며 염기서열의 여러 조합으로 30억 개의 염기쌍이 우리 몸의 유전체를 이루고 있습니다.

과거에는 혈액 검사로 염색체 개수가 46개로 정상인지를 확인하는 수준의 검사를 했습니다. 이 검사로 염색체의 수나 구조적 이상으로 키가 자라지 않는 터너증후군 등을 진단할 수 있었습니다. 그러나 염색체 검사만으로는 밝혀지지 않는 경우가 너무나 많았습니다.

DNA의 염기서열 중 단백질을 만드는 엑손과 그 사이의 인트론에서의 염기서열의 미미한 변화도 문제의 질환을 일으킬 수 있습니다. 일반 유전자 검사는 생거시퀀싱(Sanger sequencing)을 통해 의심되는 유전자 부위만 검사 가능한 염기서열 분석법입니다. 요즘은 차세대 염기서열 분석(NGS, Next Generation Sequencing)이라는 정밀유전자 검사를 통해 피 한 방울로 현재까지 알려진 유전 질환의 변이 약 수천 개 이상을 단번에 분석할 수 있게 되었습니다. 전체엑솜분석(whole exome sequencing)이나, 전체유전체분석(Whole Genome Sequencing)을 통해 수천에서 수만 개 이상의 유전자를 검사할 수 있습니다. 덕분에 특발성 저신장의 원인 유전자가 속속히 밝혀지고 있습니다. 이러한 정밀유전자 검사는 소아내분비 전문의사가 진찰한 후 반드시 필요한 경우에만 시행하게 됩니다.

지난 수년간 소아내분비학계에서 가장 괄목할 만한 변화가 이러한 정밀유전자 검사를 통해서 특발성 저신장의 원인이 밝혀져 원인별 예후예측과 맞춤형 치료가 이루어지고 있다는 것입니다.

049

의사가 예측한 키만큼 자랄까요?

아이가 몇 cm까지 자랄지 한 번의 진료만으로 딱 맞힐 수는 없습니다. 물론 아이가 특별한 질병으로 인한 심한 저신장일 경우에는 의사가 병원에 있는 시뮬레이션 프로그램을 이용해 엄마 아빠의 키, 아이의 성장판 상태를 보고 성인이 되면 키가 어느 정도 될 것이라고 '예상 키'를 알 수는 있습니다. 뼈 사진을 찍어 뼈 나이를 확인하면 현재 키에 전체 골격 성장의 몇 %가 성장되었으므로 비례하여 골격 성장이 100%가 되었을 때를 유추할 수 있습니다.

뼈 나이를 기준으로 성인 키를 예측하는데 평균적인 성장을 하고 성조숙증이 아닌 경우의 아이를 대상으로 예측표가 제작되었기에 성조숙증이나 저체중 출생아, 질환으로 인한 저신장에서 성인 키 예측은 정확하지 않을 수 있습니다.

'예상 키'는 말 그대로 예상일 뿐으로 이 예상 키는 실제 아이가 성인이 되었을 때의 키와 5cm 안팎까지 차이가 날 수 있는데, 키 5cm는 결코 적은 차이가 아닙니다. 아이 키가 클 것으로 예상되는 경우 예상 키만 믿고 키 크려는 노력을 안 한다면 아이가 성인이 되어 예상 키보다 밑돌 수도 있고, 사춘기 시기가 급속히 진행한다면 최종 키가 예상 키보다 작아질 수도 있습니다.

그러므로 예상 키를 알려주는 것은 매우 조심스럽답니다. 뼈 나이가 거의 닫힌 경우가 아니라면 성장클리닉에서 받은 예상 키로 너무 실망하지도 너무 안심하지도 않길 바랍니다.

꼬리에 꼬리를 무는 엄마들의 궁금증

선생님마다 뼈 나이를
다르게 판독할 수 있나요?

050

성장판이 닫혔다면 키 클 가능성이 전혀 없나요?

성장판이 닫히면 키는 더 이상 자라지 않습니다. 성장판이 닫힌 후에도 키가 2~3cm 큰 경우는 성장판에서 뼈의 길이 성장이 일어난 것이 아닌 스트레칭과 자세 교정을 통해 척추나 휜 다리에 '숨어 있는 키'를 찾은 경우지요.

성장판이 닫힌 상태에서 성장호르몬 치료는 고생만 할 뿐 키는 안 크고 오히려 말단비대증이 생길 수도 있습니다.

숨은 키 찾아내기

우리 몸에 있는 성장판은 마치 셔터 문을 내리듯이 한꺼번에 닫히는 것이 아닙니다. 긴뼈의 성장판은 닫혀도 척추의 성장판은 좀 더 열려 있어 척추 성장으로 2~3cm는 더 클 수 있습니다. 또한 휜 척추나 O자형으로 휜 다리를 교정하면 숨은 키를 찾아내어 2~3cm 더 클 수도 있습니다. 그렇지만 최종적으로 모든 뼈의 성장판이 닫힌 것이 확인되었다면 부모는 아이의 키에 대한 미련을 버려야 합니다.

아이의 성장판이 닫혔다면

아이의 모든 성장판이 닫혔다면 잠을 아무리 많이 자고 값비싼 영양제를 먹어도, 시중에 판매되는 키를 크게 키워준다는 기구를 사용해도 소용이 없습니다. 아이의 키가 자라는 시기 동안에는 키가 자랄 수 있도록 최선을 다해 도와주어야 하지만 아이의 성장판이 닫힌 상태라면 키에 대해 미련을 버리고, 아이가 자신감을 가질 수 있는 분야에서 적성과 능력을 개발하도록 이끌어주어야 합니다. 자신감이 충만한 아이에게는 키 작은 것이 더 이상 결점으로 작용하지 않기 때문입니다.

키 성장만큼 중요한 골밀도

성장판이 닫혔어도 적절한 영양 섭취와 하루 30분 정도의 운동은 매우 중요합니다. 표준 체중을 유지해서 키와 비례가 맞는 균형 잡힌 체형이라면 키가 덜 작아 보이며 자세가 올바르면 실제 키보다 2~3cm는 더 커 보이기 때문입니다.

또한, 40~50대가 넘으면 오히려 키가 줄어드는 경우도 있습니다. 이는 골밀도가 낮아지면서 뼈가 부실해지고 찌부러져 키도 줄어드는 것입니다.

특히, 청소년기부터 20대까지 칼슘을 충분히 섭취하여 골밀도를 잘 증가시켜 놓아야 나중에 나이 들어서 키가 줄어드는 것을 방지해줍니다. 나이 들어 골다공증으로 허리가 구부러지고, 골절이 생기면 그때는 후회해도 소용이 없습니다.

우리나라 청소년은 칼슘도, 비타민D 섭취도, 체중부하 운동도 부족해 골 건강이 매우 우려됩니다. 특히 부모님이 골밀도가 낮으면 자녀도 낮을 위험이 높습니다.[12] 즉, 성장판이 닫혔다면, 키를 키우긴 어렵지만 그때부터는 골밀도를 키우는 것이 중요합니다.

아쉽지만 몸의 키가 멈췄다면 그때부터는 마음의 키를 키우도록 격려하고 자존감을 높이도록 부모가 도와줘야 합니다.

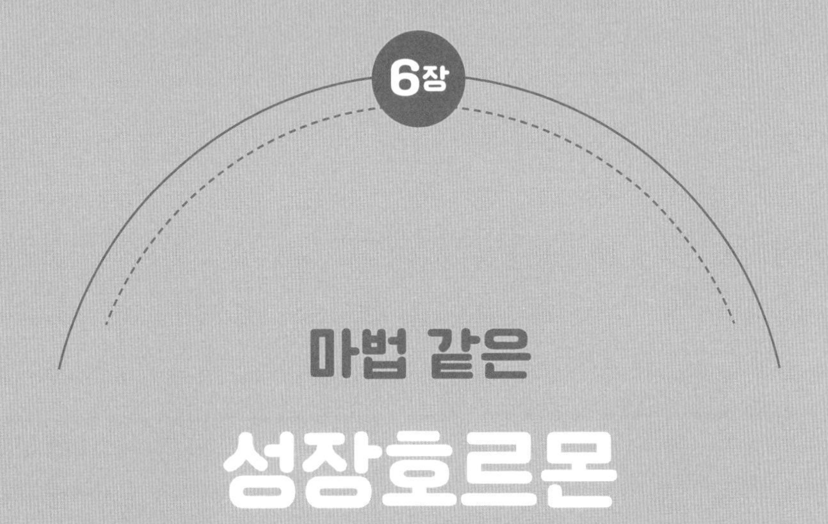

마법 같은 성장호르몬

051

성장호르몬 치료에도 골든타임이 있나요?

치료 시작 나이가 어릴수록 성장호르몬 치료 효과가 좋습니다. 치료 기간이 길수록 더 많이 자랄 수는 있습니다. 그러나 너무 어린 아이는 주사에 대한 공포가 있어 스트레스를 받을 수 있으므로 성장호르몬 결핍증이 아닌 이상 아주 어린 나이에는 치료를 권하지 않습니다. 보통 만 5세 정도부터는 무난히 치료가 가능합니다.

성장호르몬 결핍증이나 터너증후군의 경우에는 예외적으로 아주 이른 나이더라도 진단 즉시 치료를 시작하는 것이 좋습니다. 또한 아이가 저체중 출생아였다면 4세 이후부터는 검사해보고 치료를 시작하는 것이 좋습니다.

가족성 저신장이나 특발성 저신장으로 현재 아이의 키가 3백분위수 미만인 경우 성장호르몬 치료를 계획한다면 늦어도 사춘기 이전(10세 전후)에 치료를 시작하는 것이 좋습니다. 사춘기 전에 전체 신장의 80%, 사춘기에 20% 정도의 키가 자라는데 치료를 일찍 시작하면 하체의 긴뼈 성장이 잘되어 하체가 길어지기 때문입니다. 반면 아주 늦게 시작하면 마지막에 척추 성장만 길어지면서 상체만 좀 더 자라게 됩니다.

성장호르몬 치료를 결정했을 때 내 아이가 성장호르몬 결핍으로 치료를 받는지 아니면 특발성 저신장이나 다른 원인으로 치료를 받는지 반드시 아셔야 합니다. 아이가 특발성 저신장으로 성장호르몬 치료를 1~2년 하다가 효과가 없다면, 언제든 치료를 중지해도 큰 문제는 없으나 성장호르몬 결핍증으로 치료를 받는다면 최대한 오랜 기간 동안 성장판이 완전히 닫힐 때까지 치료하는 것이 좋습니다.

꼬리에 꼬리를 무는 엄마들의 궁금증

성장호르몬제는 꼭 주사로만 맞아야 하나요? ·····▶

052

성장호르몬을 치료하면 쑥쑥 클까요? 미리 효과를 예측할 수 있나요?

"힘들고 값비싼 치료를 받으니 효과가 좋아야 할 텐데……."

"성장호르몬을 맞고 쑥쑥 클 수 있을지 미리 예견이 가능할까요?"

많은 부모가 값비싼 성장호르몬 치료를 하기 전에 효과에 대한 걱정을 합니다. 결론부터 말하자면 성장호르몬 치료는 효과가 있고, 얼마만큼 더 클지 대략적으로 예견이 가능합니다.

성장호르몬 치료를 시작했다면

성장호르몬 치료를 시작하면 첫 1년 동안 평균 8~10cm 정도 키가 크고, 이후 해가 갈수록 효과는 조금씩 줄어듭니다. 외부에서 투여하는 성장호르몬에 대해 성장호르몬 수용체가 둔감해지기 때문이지요.

대개는 치료를 시작한 지 첫 6개월 동안이 가장 효과가 좋습니다. 그러나 성장호르몬 치료 효과는 치료를 시작한 직후에는 제대로 평가하기 어려우므로 보통 6개월이 지난 후에 반응 여부와 효과를 평가합니다. 성장호르몬 치료는 나이가 어릴수록, 치료 전 키 성장 속도가 느린 경우, 치료 전 뼈 나이가 많이 어린 경우, 살이 찐 경우가 그렇지 않은 경우보다 효과가 좋습니다.

성장호르몬 수용체를 만드는 유전자 3번의 상태에 따라 성장호르몬 효과가 다르다는 연구도 있고, 성장인자결합단백질(IGFBP3)의 염기치환 상태에 따라 효과가 다르다는 보고도 있습니다.

성장호르몬 치료의 효과

요즘은 정밀(전장)유전자 검사를 통해 효과를 대략 예견하기도 합니다. 뼈 나이를 보았을 때 여자아이는 14~15세, 남자아이는 16~17세 이상이고, 1년에 키가 2cm 이하로 자라면 성장호르몬 치료를 중단하는 것이 일반적입니다. 개개인의 성장 반응은 매우 다른데, 평균 1년 치료에 2~3cm 정도 추가적으로 더 자란다고 보면 됩니다.

053

성장호르몬 결핍증이 아닌데 성장호르몬 효과가 있을까요?

성장호르몬 결핍증은 성장호르몬 분비 자극 검사를 해서 몇 차례에 걸친 성장호르몬 농도를 측정하여 최고 농도가 한 번도 7~10ng/ml를 넘지 못할 때 성장호르몬 결핍증으로 진단을 내리게 됩니다.

그러나 이 농도가 10~11ng/ml 정도로 간신히 기준치를 면했을 뿐, 분비가 잘되지 않는 경우도 있습니다. 몇 차례의 검사를 통해서 결핍까지는 아니어도, 24시간 성장호르몬 분비를 지속적으로 측정하면 낮은 경우도 있습니다. 저의 연구팀은 24시간 내내 소량씩 30분 간격으로 자동 채혈되는 기기로 성장호르몬 분석을 해본 결과 특발성 저신장 환아에서는 자극 검사상 결핍증까지는 아니었지만 24시간 종합 분비되는 성장호르몬 농도가 정상 성장아보다 낮다는 것을 보고한 바 있습니다.[13]

혹은 성장호르몬 농도는 괜찮아 보여도 불활성화된 성장호르몬, 혹은 성장호르몬 수용체의 미미한 기능 장애나 성장호르몬이 분비된 후 세포 내 신호전달 과정에서 이상이 있는 경우도 있습니다. 이러한 경우 모두 키가 잘 자라지 않게 됩니다. 즉, 우선 보기에 성장호르몬 결핍증까지는 아니지만 특발성 저신장에서 성장호르몬을 보충하면 더 잘 자란다는 것은 오래전부터 보고된 바 있습니다.[14]

054

성장호르몬 결핍증이면 평생 성장호르몬 치료를 받나요?

성장호르몬 결핍증으로 성장호르몬 치료를 시작하면 성장을 위해서 일단 성장판이 닫힐 때까지 치료를 받습니다. 혹은 남자아이의 경우 키가 165cm까지 자랄 때까지, 여자아이의 경우 키가 153cm까지 자랄 때까지는 계속 성장호르몬 치료를 합니다. 이 정도의 키까지는 국가에서 보험 급여로 인정을 해줍니다.

성장호르몬은 성장 효과뿐만 아니라 대사 작용이 많은데 이를 정상화시키는 것이 중요합니다. 성장호르몬이 부족하면 근육은 약하고 골밀도는 낮고, 체지방은 많으며, 저혈당이 자주 생깁니다. 저의 연구팀은 성장호르몬 결핍성 저신장 아동에서 정신사회적 적응력에도 다소 문제가 생길 수 있음을 보고한 바 있습니다.[15] 어쨌든 성장호르몬이 결핍된 상태에서는 반드시 적절한 농도를 보충해주어야 합니다.

그런데 소아 때 성장호르몬 결핍증으로 진단되었는데 18세경 이후에 성장호르몬 분비 자극 검사를 다시 시행했을 때 분비 능력이 생겨나는 경우가 있습니다. 이런 경우는 다행스럽게 더 이상 성장호르몬을 보충할 필요는 없지만 이때 검사에서도 계속 성장호르몬 분비가 낮은 성장호르몬 결핍증에서는 성인이 된 후에도 키를 크게 하는 목적이 아니라 대사 작용이 정상적으로 이루어지도록 극소량의 성장호르몬을 보충하는 것이 좋습니다. 성장호르몬 결핍증 때 생기는 근육 감소, 체지방 증가, 골밀도 감소, 고지혈증 등이 성장호르몬에 의해 호전되는 것이 입증되었기 때문입니다.

055

성장호르몬, 막상 시작하려니 부작용이 걱정이네요.

"성장호르몬 주사를 중단하면 그다음부터 제대로 못 크는 거 아닌가요?"
"성장호르몬을 맞으면 말단비대증이 생긴다던데요."
"혹시 암 같은 병이 생기지는 않을까요?"

성장호르몬을 맞으면 스스로 분비 능력이 없어진다?

성장호르몬과 관련해 지금까지 아이의 보호자에게 가장 많이 들어온 걱정은 크게 두 가지로 나뉩니다. 하나는 성장호르몬 주사를 맞으면 아이 몸속의 생리적인 성장호르몬 분비가 억제되지 않을까 하는 걱정이며, 또 하나는 외부에서 투여한 성장호르몬이 몸속에 축적되어 부작용을 일으키지 않을까 하는 걱정입니다.

성장호르몬은 질환에 따라 투여하는 용량이 다르므로 그 용량을 준수하여 치료한다면 대부분 부작용은 없습니다. 물론 외부에서 성장호르몬이 투여되는 동안 아이 몸에서 스스로 분비하는 성장호르몬은 약간 억제되는 것이 맞습니다. 그러나 몇 년씩 성장호르몬 주사를 맞아도 치료를 중단하면 자신의 원래 몸 상태로 돌아가서 다시 성장호르몬이 정상적으로 분비되는 데는 일주일에서 최대 한 달이면 충분합니다.

또 성장호르몬이 몸에 축적되어 오랜 시간이 흐른 후 만성적인 문제를 일으키지 않을까 매우 우려하는 경우가 많습니다. 성장호르몬은 몸속에서 작용이 지속되는 시간은 겨우 15~20분 정도에 불과하며, 몸에 들어온 성장호르몬은 작용 후 쌓이지 않고 완전 분해되어 소변으로 배출됩니다.

성장호르몬을 맞으면 말단비대증이 생긴다?

가끔 말단비대증을 걱정하는 부모도 만납니다. 아이의 성장판이 열려 있을 경우에만 사용한다는 원칙과 매일 주사하는 용량만 의사 지시대로 따른다면 걱정할 필요가 없습니다. 만약 성장판이 닫힌 이후에 과량의 성장호르몬을 지속적으로 투여하면 말단비대증이 올 수 있습니다. 그러나 전문의가 성장판이 닫힌 아동에게 장기간의 성장호르몬 치료를 처방하지는 않습니다.

성장호르몬의 안정성과 부작용

의학계를 둘러볼 때 성장호르몬의 안정성에 관한 연구 논문은 대단히 많습니다. 지난 1958년 성장호르몬이 치료에 사용된 이래 2022년 현재까지 세계적인 학술지(SCI)에 발표된 성장호르몬에 관한 연구 논문은 수만 개가 넘습니다. 이는 성장호르몬 치료의 성장 효과, 부작용과 안정성에 관해 전 세계적으로 많이 연구되어 있다는 뜻입니다.

성장호르몬제는 30년 이상 전 세계적으로 사용하고 있으나 부작용이 거의 없어 안전한 약으로 평가받고 있습니다. 다만 드물게 생길 수 있는 경미한 부작용들은 주사를 중단하면 빠른 시일 내에 정상으로 돌아옵니다. 부작용으로는 아래와 같습니다.

근육통 및 관절통

시간이 지나면 대부분 저절로 없어집니다.

주사 맞은 곳이나 몸의 미약한 부종

시간이 지나면 저절로 가라앉습니다.

주사 부위의 두드러기나 발진

항히스타민제를 쓰면 쉽게 낫습니다.

갑상선기능저하증

치료를 중지하면 증상이 없어집니다

뇌압 증가로 인한 두통

일부에서 뇌압 상승으로 시력 이상, 두통, 오심 및 구토 등의 증상이 있는데, 첫 1~2달 내에 나타나며 용량을 감량하거나, 일단 중단 후 감량된 용량으로 서서히 증량하면 대부분 문제가 없습니다.

주사 부위의 세포 증식으로 인한 점의 확대

아주 드물게 나타날 수 있습니다.

척추측만증

성장호르몬제가 척추측만증 발생률을 증가시키지는 않지만 급성장 시기에 생길 수 있어 치료 전후 척추 엑스선 촬영이 필요합니다. 척추측만증은 터너증후군, 프라더윌리증후군에게 흔하게 나타납니다.

대퇴골단 탈구

이론상 뼈의 급성장으로 발생할 수 있지만 실제로는 사례가 매우 드문 경우입니다.
일반적인 아이들은 상관없지만 특수한 병력이 있는 아이들에게 성장호르몬 치료를 할 때에는 주의해야 합니다.

인슐린 저항성 및 당뇨병

성장호르몬은 인슐린 작용을 억제하여 혈당을 증가시킬 수 있습니다.[16] 성장호르몬 치료 때문에 당뇨병이 생기는 아이는 흔치 않습니다. 다만 당뇨병 가족력이 많거나 너무 비만한 아이, 터너증후군, 프라더윌리증후군, 자궁 내 성장 지연 등 특수 상황인 아이는 원래 당뇨병이 잘생길 수 있는 위험인자를 가지고 있으므로 성장호르몬 치료 시 주의가 필요합니다.

종양

종양을 제거한 지 1~2년이 지난 후에도 종양이 재발하지 않았다면 성장호르몬을 투여해도 종양이 재발할 가능성은 높아지지 않는 것으로 알려져 있습니다.
소아에서 성장호르몬제와 새로운 종양과의 연관성은 발견되지 않았습니다.

백혈병

현재까지 약 30년 이상 성장호르몬을 투여받은 사람 중 세계적으로 50여 명이 백혈병에 걸렸지만 성장호르몬 투여 집단과 성장호르몬을 투여받지 않은 집단의 백혈병 발병률을 비교했을 때 차이가 없었습니다. 즉, 성장호르몬을 맞았다고 해서 맞지 않은 사람들보다 백혈병에 걸릴 가능성이 더 높아지는 것은 아니어서 세계보건기구(WHO) 및 미국 식품의약국(FDA)은 "성장호르몬 투여가 백혈병 발생 위험도를 증가시키지는 않는다"라고 공고한 바 있습니다.

056

성장호르몬은 언제부터 사용되기 시작했나요?

성장호르몬 치료는 1958년에 미국의 모리스 라벤 박사가 성장호르몬 결핍증으로 키가 작은 아이에게 처음 주사했습니다. 이후 1981년 미국에서 유전자재조합 인간 성장호르몬 생산에 성공했습니다. 성장호르몬 주사는 여러 단계의 임상 시험을 거쳐 미국 식품의약국(FDA)에서 1985년 처음으로 성장호르몬 결핍증으로 인한 저신장 소아 치료에 사용되기 시작했습니다.

이후 성장호르몬 결핍증이 아닌 다른 원인으로 키가 작은 어린이들(터너증후군, 누난증후군, 프라더윌리증후군, 만성 신부전증 등)도 성장호르몬 치료로 크게 도움을 받고 있기 때문에, 원인이 밝혀지지 않았지만 성장이 잘 이루어지지 않는 어린이들에게도 성장호르몬을 시도하게 되었습니다.

결과적으로 성장호르몬 결핍이 아닌 아이들에게도 성장호르몬이 도움이 된다는 연구들이 많이 발표되고, 왜 효과가 있는지 아직까지 정확한 이유를 밝혀내지 못했지만 키가 매우 작은 아이들에게 시도해볼 수 있는 방법으로 세계적으로 인정되었습니다. 키가 3백분위수 미만인 특발성 저신장 어린이들에서도 효과가 인정되어 성장호르몬을 사용해도 된다고 승인했습니다.

적응증	대한민국	미국 식품의약국(FDA)
소아 성장호르몬 결핍증	1999	1985
성인 성장호르몬 결핍증	2003	1996
만성 신부전증	2001	1993
터너증후군	2000	1996
프라더윌리증후군	2005	2000
부당 경량아	2008	2001
특발성 저신장	2009	2004
누난증후군	2008	2007

성장호르몬 치료의 적응증 허가 연도

057

성장호르몬 주사, 제품별로 차이가 있나요?

성장호르몬 주사에는 여러 종류가 있습니다. 부모들은 이 주사들이 어떤 차이가 있는지, 어떤 게 제일 좋은지 궁금해합니다. 그러나 어떤 것이 제일 좋다고 말하기는 어렵습니다.

우리나라에서 사용하는 성장호르몬 주사제

현재 우리나라에 유통되는 성장호르몬 주사제는 약 7~8가지가 있습니다.

제품이 액상제제인 것과 동결분말제제로 된 것이 있으며 주사 기기가 일반 주삿바늘 타입, 펜 타입, 기계 타입으로 다양합니다.

1개의 제형에 성장호르몬 용량이 몇 단위(몇 mg)로 들어 있는지 다양하게 나눠져 있으며, 국내 생산 제품과 외국에서 수입된 외제로 나눌 수 있습니다. 성장호르몬의 성분은 같으므로 제품의 효과는 거의 비슷합니다. 보통 전문의사가 아이의 상태에 가장 적합한 제품으로 권유하며 보호자와 상의해서 제품을 결정하게 됩니다.

치료 도중에 다른 제품으로 바꿔도 괜찮을까

성장호르몬 주사 치료 중에 효과가 크지 않은 것 같아 다른 성장호르몬 제품으로 바꾸고 싶다고 물어보는 부모가 많습니다. 이는 성장호르몬 제품이 나빠서 아이가 잘 자라지 않는 것이 아니라 아이가 가진 유전적 역량과 노력에 따라 효과가 다른 것입니다. 일반적으로는 한 가지 제품으로 큰 문제가 없으면 지속하는 것이 좋지만, 다른 제품으로 바꾼다고 문제가 되지는 않습니다.

058

성장호르몬 치료비용은? 보험 급여 적용을 받을 수 있을까요?

성장호르몬 치료의 비용

성장호르몬 치료를 할 때 보통 체중에 따라 용량이 결정되며 보험이 안 될 때 40kg 체중이라면 한 달에 80만 원 내외의 비용이 발생합니다. '체중×2만 원' 정도로 예상하면 됩니다.

사춘기 유무, 성장판 시기가 남아 있는 정도, 성장 반응에 따라 용량이 달라지게 됩니다.

건강보험이 적용되는 경우

성장호르몬 결핍증뿐 아니라 만성 신부전증, 터너증후군, 누난증후군, 프라더윌리증후군, 부당 경량아(저체중 출생아)로 인한 저신장에서 폭넓게 사용되며, 이 질환으로 성장호르몬 치료를 받으면 국민건강보험 급여를 받을 수 있습니다. 즉, 출생체중이 작고, 만 4세가 되었을 때도 키가 3백분위수 미만이면 성장호르몬 치료에 대한 보험 급여가 가능합니다. 그렇다면 출생체중은 얼마나 작아야 할까요? 아래 표를 보고 해당되는 경우가 저체중 출생아라고 할 수 있습니다.

보험 급여가 되면 원래 비용의 약 30% 정도만 본인이 부담하며 남자아이인 경우 키가 165cm, 여자아이인 경우 153cm가 될 때까지는 보험 급여 적용을 받습니다.

특발성 저신장은 원인을 모르지만 키가 3백분위수 미만이면서 최종 키가 많이 작을 것으로 예측되는 어린이들에서도 효과는 인정되어 성장호르몬 치료가 승인은 되었지만 보험 급여는 안 됩니다.

재태주수	남자아이	여자아이
23주 ~ +6일	480	420
24주 ~ +6일	520	470
25주 ~ +6일	520	490
26주 ~ +6일	600	510
27주 ~ +6일	690	570
28주 ~ +6일	710	720
29주 ~ +6일	760	820
30주 ~ +6일	940	840
31주 ~ +6일	1080	970
32주 ~ +6일	1240	1090
33주 ~ +6일	1380	1320
34주 ~ +6일	1600	1500
35주 ~ +6일	1870	1760
36주 ~ +6일	2100	2010
37주 ~ +6일	2380	2290
38주 ~ +6일	2590	2500
39주 ~ +6일	2700	2600
40주 ~ +6일	2800	2700
41주 ~ +6일	2850	2760
42주 ~ +6일	2840	2720
43주 ~ +6일	2610	2700

대한민국 소아의 재태기간(주수)별 3백분위 출생체중(grams)

059

성장호르몬 주사, 꼭 매일 맞아야 하나요? 주사제 말고는 없나요?

성장호르몬 치료를 시작하게 되면 성장호르몬 주사를 거의 매일, 일주일에 6~7회 정도 맞게 됩니다. 매일 맞는 것을 원칙으로 하고 아주 특별한 사정이 있을 때 한두 번 건너뛸 수 있지요. 일주일에 한 번, 한 달에 한 번 맞는 지속성 성장호르몬제도 있기는 하지만 아직 널리 사용되지는 않고 있습니다.

아이가 주사를 너무 무서워하거나 혹은 아이에게 주사를 놓아야 하는 부모가 주사를 두려워하는 경우가 있습니다. 그래서 주사 외에 다른 방법으로 성장호르몬을 줄 수 없냐고 정말 많이 물어봅니다. 아쉽게도 성장호르몬은 분자량이 커서 먹으면 위에서 다 파괴되므로 주사 외에 다른 방법은 없습니다. 인터넷에 먹는 성장호르몬 제품이 있다고, 해외에서 직구해 아이에게 준다는 부모도 있습니다. 이는 진짜 성장호르몬이 아니라 성장호르몬 분비를 자극하는 알기닌 등이 포함된 영양제입니다. 성분과 함량 등 식약처의 공인인증을 받은 제품이 아니기 때문에 아이에게 함부로 먹여서는 안 됩니다.

060

성장호르몬 치료와 사춘기 지연 치료, 어떻게 다른가요?

호르몬 분비와 관련된 병원 치료는 크게 성장호르몬 치료와 사춘기를 조절하는 치료로 나누어볼 수 있습니다.

"키를 많이 키우고 싶은데 성장호르몬 주사는 비용이 많이 들고 매일 주사를 맞아야 하니 사춘기라도 늦추고 싶어요."

조숙증도 저신장도 아닌데 이렇게 말하며 내원하는 부모님도 많습니다. 자연성장이 가장 바람직하지만 아무리 노력해도 한계가 있고 최종 키가 너무 작을 것 같다면 성장호르몬 치료로 키를 더 키울 것인지 고민해볼 수 있습니다. 성장호르몬은 키를 더 키우는 것이며 사춘기를 미룰 수 없고, 사춘기를 많이 앞당기지도 않습니다.

사춘기 지연 치료는 반드시 성조숙증인 경우(어린 나이에 성호르몬이 과다분비되고 뼈 나이도 빠른 경우)에만 치료해야 합니다.

이론상 성호르몬을 억제하면 그 기간 동안 잘 안 클 수 있으나 장점과 단점을 감안해도 성호르몬이 매우 높을 때는 치료를 결정합니다.

	키 성장 치료	**사춘기 지연 치료**
원리	성장호르몬 보충	성호르몬 억제
대상	키가 매우 작은 경우	사춘기가 매우 빠른 경우
치료 간격	매일	4주에 혹은 3개월에 한 번
효과	키를 더 키운다.	성호르몬에 의한 조기 사춘기 증세를 늦추고, 성장판 조기 융합을 막는다.
사춘기에 대한 영향	별 영향 없다.	사춘기를 늦춘다.
키에 대한 영향	키를 더 키운다.	성장판을 좀 더 열려 있게 하므로 매달 크는 속도는 느려 보이나 최종 키를 조금 더 크게 한다.

7장

사춘기와 성조숙증

061

사춘기 시작 시기가 빨라진 것 같아요. 몇 살에 사춘기가 시작되나요?

주변을 살펴보면 너도나도 아이들의 사춘기가 빨라지는 것 같다고 걱정을 합니다. 사춘기의 시작 시기는 전 세계적으로 빨라졌으며 우리나라도 예외 없이 빨라졌습니다. 사춘기의 시작이 빨라지는 가장 큰 원인은 과거에 비해 영양 상태가 좋아졌기 때문입니다. 체중이 늘수록, 특히 체지방이 늘수록 체지방에서 만들어진 렙틴이란 물질은 뇌에 가서 사춘기 시작을 알리고, 비만일 경우에 증가된 인슐린은 부신에서 성호르몬을 많이 만들어내게 하며, 체지방에서 활성화된 아로마타제라는 효소 또한 여성호르몬을 많이 만들어내게 합니다.

우리나라 여자의 사춘기는 얼마나 빨라졌을까

사춘기 시작을 알리는 것은 젖멍울이지만 성인 여성 중 대부분 젖멍울이 생긴 시기를 정확히 기억하지 못하기 때문에 초경 연령으로 사춘기 시기를 가늠하기도 합니다. 저의 연구팀은 2006년에 한국 여성 100만 명 이상을 대상으로 분석한 것이 있는데, 지난 80년간 평균

초경 연령이 2년 정도 앞당겨졌음을 확인했습니다.[17]

이후 저의 연구팀은 2020년에 전국 중고생 35만 명(12~18세)의 초경 연령을 분석했습니다. 1988년 출생아의 초경 연령은 평균 13세였고, 2003년 출생아는 평균 12.6세였습니다. 15년간 초경 연령이 지속적으로 앞당겨진 것이죠. 조기 초경 유병률은 비만한 여자아이에서 뚜렷하게 높았고, 조기 초경 연령 기준은 10.5세 정도임을 확인했습니다.[18]

비만과 사춘기의 관련성은 비교적 명확히 확립된 정설입니다.[19] 그러나 비만 외에 다른 원인은 아주 명확하지는 않습니다. 산업화에 따른 환경호르몬 노출의 증가[20]나 스트레스의 증가, 그리고 수면 시간의 감소 등 다양한 원인들이 제기되고 있습니다.

환경호르몬이란 사람이나 동물에서 정상적으로 생성 분비되는 물질이 아니라 산업 활동으로 인해 인위적으로 만들어진 화학물질을 말합니다. 이러한 물질은 사람이나 생물체에게 흡수되면 정상적인 내분비계 기능을 방해하며 마치 호르몬처럼 작용할 수 있습니다.

한편 음식을 통해 성호르몬처럼 역할을 하는 성분에 노출될 수도 있습니다. 식물성 에스트로겐(Phytoestrogen)은 체내에서 에스트로겐과 유사한 작용을 할 수 있습니다.[21, 22] 콩에 많이 들어 있는 것으로 알려진 이소플라본이나 승마, 달맞이꽃, 석류 등에서 추출한 성분이 해당됩니다.

스트레스를 많이 받는 경우에도 사춘기가 빨라질 수 있는데 가정

내 불화가 잦고 스트레스가 많은 환경에서는 여자아이들의 사춘기가 빠른 경우가 종종 있습니다.

우리나라 아이들의 사춘기 시작 나이

여자아이인 경우, 보통 만 10세 전후에 가슴에 멍울이 잡히면 사춘기가 시작됩니다. 젖멍울이 생기고 약 2년이 지나면 초경을 합니다. 비만이면 진행 속도가 더 빠를 수도 있습니다.

로즈 프리쉬(Rose Frisch) 박사는 초경을 할 수 있는 임계 체중을 47~48kg으로 보았고, 임계 체지방량은 17% 정도임을 주장했습니다. 저의 진료 경험으로 보았을 때도, 여자아이의 체중이 45kg 이상이 되면 초경을 하는 경우가 많습니다.

한편 남자아이는 보통 여자아이보다 1년에서 1년 반 정도 늦게 사춘기가 시작됩니다.

062

지방인지 유방인지 모르겠어요. 사춘기가 시작된 건지 어떻게 아나요?

여자아이는 가슴에 젖멍울이 잡히면 사춘기가 시작되었다고 보는데 비만인 여자아이는 살이 쪄서 가슴에 잡히는 것이 지방조직인지 젖멍울인지 알기가 어렵습니다. 이럴 때 요령은 눕혀보는 것입니다. 아이가 누웠을 때, 멍울이 단순 지방조직이면 넓게 펴지면서 사라지고 유방이라면 둥글게 그대로 유지되어 보입니다. 특히 엄지와 검지로 살짝 잡아 보아 단단하게 만져지고 직경이 1cm를 넘는다면 진짜 유방 발달이 시작되었다고 생각하면 됩니다.

남자아이는 고환 부피가 4cc 이상이면 사춘기가 시작되었다고 봅니다. 4cc라는 기준은 부모가 확인하기 어려우므로 메추리알 크기 정도라면 사춘기가 시작되었다고 추정할 수 있습니다. 또 고환의 직경이 사춘기 전에는 2.5cm 이하이며 직경이 3cm 이상이면 사춘기가 시작되었다고 봅니다. 그 외에도 아래와 같은 증상이 있으면 사춘기 시작을 의심할 수 있습니다.

사춘기 체크리스트

□ 만져보면 약간 도톰하고 단단하게 젖멍울이 생긴다.

□ 가슴이 찌릿하고, 스치면 아프다.

□ 얼굴, 두피에 피지 분비가 많아진다.

□ 정수리에 냄새가 난다.

□ 이성 또는 사랑에 관련된 드라마나 책을 좋아한다.

□ 독립성이 강해져 부모와 외출하는 것을 싫어한다.

□ 감정 기복이 심하고 짜증이 심하다.

□ 집에서 함부로 옷을 벗지 않는다.

□ 한 달에 1cm 이상으로 키가 갑자기 큰다.

063

이제 겨우 두 살인데 젖멍울이 만져져요. 젖멍울이 잡히지는 않지만 음모가 보여요.

유방 조기 발육증

'유방 조기 발육증'은 한쪽 또는 양쪽 유방이 발달하지만 다른 2차성징은 보이지 않는 경우이며, 생후 2세 이전에 흔하게 관찰됩니다. 유방 발달은 한쪽만 나타나거나 혹은 비대칭적으로 나타날 수 있습니다.

키는 너무 크지도 작지도 않고, 꾸준히 잘 자라고, 뼈 나이는 자기 나이와 비슷하며 대부분 시간이 지나면 멍울이 사라집니다. 이를 미니 사춘기라고도 부르는데 사춘기 때나 나타나는 호르몬 변화가 아주 잠깐 나타나기도 하나 혈액 검사는 대부분 정상이며 원인은 아직 잘 모릅니다. 짜거나 마사지를 하는 등 유방을 자극을 하면 뇌의 유즙분비 호르몬의 분비가 증가되어 악화될 수 있어 그대로 관찰만 하는 것이 좋습니다.

대부분 산발적으로 발생하며 유방 발달은 2세 이후 감소하여 저절로 사라집니다. 3~5년 동안 지속되는 경우도 종종 있지만 계속 진행하는 경우는 거의 없습니다.

음모 조기 발생증

젖멍울도 없고 아직 사춘기 기미는 보이지 않는데 음모가 난 것을 발견하면 너무나 놀라게 됩니다. '음모 조기 발생증'은 여자아이인 경우 8세 이전, 남자아이인 경우 9세 이전에 다른 2차성징이 없이 음모나 액모가 나타나는 경우를 말합니다.

음모나 액모는 난소에서 만들어지는 에스트로겐과 무관하며 부신호르몬이 관여하므로 음모 발현이 유방 발달보다 늦을 수도 빠를 수도 있습니다. 부신 활성에 의한 음모의 발생은 인종적 차이도 많은데 그래도 우리나라는 음모 조기 발생증이 드문 편입니다. 제가 2000년 초반 미국 소아내분비클리닉에서 연수를 할 때 6~8세의 여자아이가 음모만 발현되어 내원한 경우를 많이 보았는데 부신 종양 등 나쁜 질병이 있는 경우는 거의 없었습니다.

음모 조기 발생증은 치료가 필요 없는 경우가 대부분이기에 너무 걱정할 필요는 없습니다만 사춘기 후기에 기능성 난소 고안드로겐증, 다낭성 난소증후군, 인슐린 저항성이 발생할 위험이 있으므로 비만해지지 않도록 주의하며 지속적인 관찰이 필요합니다.

064

아직 어린데, 딸아이의 팬티에 피가 비쳤어요.

아직 철부지 아이라고만 생각했는데, 딸아이의 속옷에 피가 묻어 있는 것을 발견하고 놀란 마음으로 병원을 찾는 부모가 많습니다.

피가 보이기 전에 아이의 가슴에 젖멍울이 잡혔었고, 분비물이 많아지는 징조가 있었다면 초경일 가능성이 높습니다. 초경이란 '첫 월경'을 말하며 월경은 수정란을 보호하기 위해 두꺼워진 자궁내벽이 떨어져 질로 배출되는 현상입니다. 초경 후 매달 맞는 월경은 건강 상태를 알려주는 중요한 알람시계나 마찬가지입니다.

밖에서 갑자기 초경을 하면 많이 당황스럽기 때문에 분비물이 많아진다 싶으면 미리 준비를 하는 것이 좋습니다. 생리대 사용법, 생리통, 생리전증후군 등에 대해서도 미리 알려줘야 합니다. 초경 후 약 2년간은 생리주기가 불규칙할 수 있어 다이어리를 준비하는 것도 좋습니다. 주기를 알 수 있어야 운동, 여행 등 생활 계획을 짜고 건강 상태를 가늠할 수 있습니다. 월경 때문에 몸과 마음이 힘들 수 있지만 몸이 그만큼 건강하다는 증거이니 당당하게 받아들이고 어머니, 친구들과 고민을 나누면서 적극적으로 스트레스를 풀도록 해야 합니다.

초경과 기타 출혈을 구분하기

가끔 가슴 발달도 안 되었는데 초경만 먼저 나타나는 경우도 드물게 있습니다. 한편으로는 질 출혈이 나타날 수 있는 다른 원인도 찾아보아야 합니다. 이물질인 것은 아닌지, 질에 상처가 생긴 것은 아닌지, 육아종인지 살펴봐야 합니다. 변비가 있어 항문이 찢어지면서 난 피일 수도 있습니다. 핸드폰으로 출혈 사진을 찍어두었다가 진료 시 의사에게 보여주면 어느 정도 감별에 도움이 됩니다.

065

성조숙증과 조기 사춘기는 다른 건가요?

성조숙증이란 사춘기 발달이 또래의 아이들보다 비정상적으로 빠른 경우를 의미합니다. 국내에서는 일반적으로 여자아이가 8세 이전에 유방 발달이 시작되는 경우, 남자아이는 9세 이전에 고환이 커지기 시작하는 경우로 정의합니다. 그러나 정확한 진단을 위해서는 2차성징이 시작되는 연령에 대한 각 나라별, 인종별, 시대별 정상치가 필요합니다. 다만 최근의 연구를 통해 전 세계적으로 사춘기의 시작 시기가 여자아이의 경우 과거에 비해 더 빨라지는 추세를 보이고 있음이 밝혀졌습니다.

성조숙증 환자는 매년 증가하는 추세입니다. 건강보험심사평가원 자료에 따르면 성조숙증으로 진료받는 환자는 최근 10여 년간 10배 이상 증가되었습니다.

조기 사춘기의 기준

조기 사춘기는 여자아이가 8~9세에 젖멍울이 생길 때를 말하며,

남자아이는 9~10세 사이에 고환이 4ml 이상 커질 때를 말합니다. 조기 사춘기는 성조숙증보다 살짝 덜 심한 경우를 말합니다.

조기 사춘기는 성조숙증에 비해 치료가 필요한 경우가 상대적으로 적지만 부모의 유전적인 키가 작고, 사춘기 진행이 많이 빠른 경우 기대했던 성인 키가 많이 감소될 수 있으므로 각별히 주의하며 3~6개월 간격으로 진료를 받는 것이 좋습니다.

성조숙증의 기준

여자아이가 8세 미만에 유방 또는 음모가 나오거나, 남자아이가 9세 미만에 음모가 나오거나, 음경이 커지거나, 고환이 4ml 이상으로 커지면 성조숙증이라고 합니다.

성조숙증은 원인이 무엇이냐에 따라서 치료가 달라지기 때문에, 어린아이들이 일찍 사춘기 몸의 변화를 보이면 반드시 검사를 받고 원인을 찾아 치료를 해야 합니다. 사춘기 증상이 나타났는데, 제때 검사와 치료를 받지 못하면, 아이들이 노출된 성호르몬(여성호르몬/남성호르몬)에 의해 성장판이 빠르게 진행되어 닫혀버리는 경우가 종종 있습니다.

꼬리에 꼬리를 무는 엄마들의 궁금증

사춘기 체크리스트 ▶

066

성조숙증, 왜 생기나요?

성조숙증의 원인은 다양합니다.[23] 유전적인 원인이 70~80% 내외, 환경적인 인자가 20~30% 내외일 것으로 추정하며, 부모 중에 한 명이라도 사춘기가 많이 빨랐다면 아이도 사춘기의 속도가 빠를 확률이 높습니다.

저는 2016년에 우리나라 여자아이 3,409명을 대상으로 모녀의 초경 연령을 분석한 적이 있는데 어머니가 조기 초경인 경우 딸아이도 초경이 빠를 위험도가 매우 높았습니다.[24]

비만일수록 사춘기도 빨라집니다. 과잉영양 특히 체지방량의 증가나, 환경호르몬 또는 내분비 교란 물질 등도 원인 중의 하나일 것으로 연구되고 있습니다.

일반적으로 여자아이가 성조숙인 경우, 나쁜 원인이나 질환 없이 성조숙증이 발생하는 특발성이 80%로 가장 많고, 난소 종양이 원인인 경우가 15%, 대뇌 병소가 있는 경우가 5% 정도를 차지합니다.

남자아이가 성조숙증인 경우, 나쁜 원인이나 질환이 없는 특발성이

50%, 대뇌 자체에 병소가 있는 경우가 20%, 부신피질 과형성 혹은 종양이 25%, 고환 종양이 5% 정도로 보고됩니다.

즉, 성조숙증은 남자아이보다 여자아이에게 훨씬 더 흔하지만, 병적 원인을 가지는 경우는 남자아이가 더 흔한 것이 세계적인 현황이며 국내에서도 비슷합니다.[25]

최근에는 유전자 검사법이 발달해서 원인 모르게 사춘기가 많이 빨랐던 특발성 성조숙증이 유전자의 이상인 것으로 점차 밝혀지고 있습니다. 이름도 어려운, 셀 수도 없이 많은 유전자(KISS1, KISS1R, PROKR2, DLK1, MKRN3, ACAN 등등) 변이들이 사춘기 조숙증을 유발할 수 있는 것으로 속속 밝혀지고 있습니다.

067

환경호르몬 때문에 성조숙증이 올 수 있나요?

환경호르몬 때문에 성조숙증이 올 수 있습니다. 우리는 다양한 방법으로 환경호르몬을 접합니다. 식이 및 식품포장재, 플라스틱류, 화장품, 세제, 샴푸 등에 환경호르몬이 포함되어 있고, 식품을 통해 먹기도 하고, 호흡기를 통해서 폐로 들어오기도 하며, 피부를 통해 몸에 축적되기도 합니다.

환경 속의 여러 화학물질이 성호르몬과 화학구조가 비슷해서 우리 몸에 들어가면 성호르몬 교란 작용을 할 수 있습니다.

환경호르몬에 노출된 사례들

'유방 조기 발육증'이 발생된 여자아이에게 프탈레이트(플라스틱을 부드럽게 하기 위해 사용하는 화학 첨가제) 농도가 높은 것이 보고된 이후에 몇몇 연구에서 관련성이 보고되었습니다. 시중에 나와 있는 여성호르몬 및 남성호르몬을 포함하는 제품에 노출되어 성조숙증의 증상을 보인 경우가 종종 보고됩니다.

한 아이는 남성호르몬인 테스토스테론 젤을 사용하던 아빠가 젤을 바른 후 집 안의 문손잡이에 묻힌 소량의 테스토스테론에 노출된 후 음모의 발달로 병원을 방문하였습니다.

엄마가 사용하는 여성호르몬인 에스트로겐이나 태반추출물 등이 함유된 크림도 마찬가지입니다. 비스페놀A는 여성 호르몬인 에스트로겐과 구조가 비슷해서 에스트로겐 수용체에 결합하여 성조숙증을 유발할 수 있습니다.

비누, 샴푸, 목욕제, 바디로션, 라벤더 성분 혹은 티트리 오일이 담긴 제품이나 방향제도 성호르몬 활성화를 일으킬 수 있는 것으로 보고됩니다.

똑같은 양이 노출되어도 사람마다 민감성은 다릅니다. 특히 취약한 어린이들에서는 소량의 성분도 아이에게 성호르몬을 활성화시킬 수 있으니 집에 환경호르몬이 높은 제품들이 없는지, 혹시 있다면 아이들이 노출되지 않도록 주의를 기울여야 합니다.

꼬리에 꼬리를 무는 엄마들의 궁금증

환경호르몬이 비만도 유발한다고요? ▶

068

병원에선 성조숙증 진단을 위해 어떤 검사를 하나요?

사춘기 단계에 따라 뼈 사진만 찍기도 하고, 뼈 사진과 함께 혈액 검사를 하기도 합니다. 필요한 경우에는 복부초음파 검사, 뇌 MRI 촬영까지도 하게 되므로 성장 전문의의 진찰과 판단이 중요합니다.

1. 병력 청취

병력 청취를 통해 2차성징이 나타난 시기, 진행 속도, 성장 속도 변화, 성조숙증 가족력, 출산력, 과거 병력 등을 파악합니다.

2. 진찰

키와 몸무게를 측정하고 성적 성숙도, 유즙분비 유무 등을 평가합니다. 신경학적 검사 및 피부병변 등도 자세히 진찰합니다. 고환의 크기 또한 남아의 사춘기를 평가하기 위해 필요합니다. 고환 크기는 구슬로 된 도구로 측정합니다. 각 구슬에 고환의 크기가 표시되어 있으며, 남자아이 진찰 시 환아의 고환 성숙도와 비교하는 기준이 됩니다.

3. 뼈 나이(골연령) 검사

뼈 나이(골연령)는 검사 대상자의 골성숙 정도를 나타내는 나이입니다. 미성숙한 뼈는 출생 후 성장판이 닫혀 골 성장이 완료될 때까지 정해진 순서에 따라 뼈 발생 중심의 모양과 크기가 변화하면서 성숙하기에 뼈 나이가 얼마나 빠른지 확인하는 것이 매우 중요합니다.

4. 혈액 검사

한 번 채혈로 다음 항목의 상태를 모두 확인합니다.

성호르몬 농도 검사

여자아이는 에스트라디올, 남자아이는 테스토스테론과 프로게스테론.

성호르몬자극호르몬 농도 검사

난포자극호르몬(FSH), 황체호르몬(LH).

간 기능 검사

간 기능이 나쁘면 성호르몬이 분해되지 않아 성호르몬의 혈중 농도가 높아짐.

갑상선호르몬 검사

일차성 갑상선기능저하증이어도 성호르몬자극호르몬이 증가함.

5. 성호르몬 분비 자극 혈액 검사

하루 동안 분비되는 성호르몬과 성호르몬자극호르몬 양은 일정하지 않아 한 번의 채혈 검사만으로는 수치를 정확히 알 수 없기에 성호르몬을 자극하는 성호르몬자극호르몬을 주사한 후 1~2시간 동안 30분 간격으로 농도를 측정하여 중추성(진성) 성조숙증인지 말초성(가성) 성조숙증인지 판단합니다. 이 검사로 사춘기를 지연시키는 약이 효과를 나타낼지 여부도 판단합니다.

6. 뇌 MRI

뇌하수체나 시상하부 등 성호르몬 분비 중추에 이상이 의심될 때 시행합니다. 성조숙증의 원인은 다양한데 가장 걱정되는 것이 뇌종양이기 때문에 성호르몬자극호르몬(LH) 농도가 매우 높으면 뇌 MRI를 촬영해 종양이 있는지 확인합니다.

7. 복부, 자궁초음파 또는 고환초음파 검사

성호르몬 분비기관에 이상이 있는지 확인합니다. 여자아이는 난소, 남자아이는 고환과 부신에 이상이 있는지 알아볼 수 있습니다.

069

성조숙증 진단을 받았는데, 반드시 치료를 해야 할까요?

사춘기가 빠르다고 해서 무조건 사춘기 지연 치료를 하는 것은 아닙니다. 사춘기를 앞당기는 원인은 다양하므로 그 원인을 찾아 적절한 치료를 해야 하며, 무조건 성호르몬을 억제할 필요는 없습니다.

치료를 받아야 하는 이유

어린 나이에 또래와 다른 몸의 변화와 초경을 경험하는 것은 정신적으로 스트레스가 될 수 있습니다. 저의 연구팀은 2012년에 성조숙증 아동의 심리를 연구한 적이 있는데 성조숙증 여아들이 정상군에 비해 정서적인 적응에서 큰 문제는 없었지만 성숙에 대한 불안척도가 높은 것으로 나타났습니다.[26]

또한 각종 성인병 유발 및 성인비만으로 이어질 확률이 높습니다.

한편 에스트로겐의 분비 때문에 성장판이 일찍 닫혀 성인 키도 작을 수 있습니다. 그러므로 성호르몬 수치가 매우 높고, 뼈 나이가 많이 앞서 있는 경우라면 치료하는 것이 좋습니다.

성조숙증의 치료법

사춘기의 진행 속도가 빠른 중추성(진성) 성조숙증인 경우는 성호르몬 분비를 억제하는 치료를 시작해야 합니다. 사춘기 지연제는 성조숙증이 있는 아이들에게 사춘기 진행을 막기 위한 주사제로 1981년부터 사용되고 있습니다. 한 달 간격 혹은 3개월에 한 번씩 주사(피하 또는 근육)를 맞게 됩니다.

시상하부 신경에서 성선자극호르몬 방출호르몬이 파동적으로 분비되어야만 뇌하수체에서 성선자극호르몬(LH, FSH)이 분비되는데 이 약제는 28일 동안 성선자극호르몬 방출호르몬 유사체를 지속적으로 방출하여 결국 파동성을 억제하여 몸 자체에서 분비되는 LH, FSH 분비를 억제하게 됩니다. 에스트로겐이나 테스토스테론의 생성을 억제하는 효과로, 사춘기 변화도 막고, 성장판이 일찍 닫히는 것도 지연시킬 수 있습니다.

그럼 이 약을 정상 사춘기에 있지만, 키가 작은 아이들을 위해 쓸 수 있을까요? 연구 결과에 따르면, 2~3년 정도 사춘기를 지연시키면 3~5cm 정도 더 클 수 있다는 결과도 있긴 하지만 이 약은 중추성(진성) 사춘기 조숙증으로 진단된 경우에만 사용을 권합니다.

점점 늘어가는 성조숙증과 치료 현황

저의 연구팀은 성조숙증의 발생률이 정말 늘어가는지 확인하기 위해 2004~2010년 동안 성조숙증 진료를 받은 8세 미만 여자아이와

9세 미만 남자아이 총 21,351명을 분석한 결과를 발표한 바가 있습니다.[27] 성조숙증 발생률은 남자아이보다 여자아이에서 증가 추이가 뚜렷해서 여자아이는 인구 10만 명당 2004년 3.3명에서 2010년 50.4명으로 지난 7년간 중추성(진성) 성조숙증 발생률이 15배 이상 크게 늘어났습니다. 이 연구는 조기2차성징으로 내원해 성호르몬 자극 검사를 시행하여, LH 농도가 높고 골연령이 빠르게 진행되어 급여 인정하에 사춘기 지연제 치료를 받는 아이들의 현황을 본 것으로, 세계적으로도 가장 대규모 대상으로 성조숙증의 추이를 관찰한 연구로 의미가 깊습니다.

070

사춘기 지연 치료제, 부작용은 없나요? 주사 외에 사춘기를 늦추는 방법은?

사춘기 지연제는 1981년 처음 사용된 이후 세계적으로 널리 사용되고 있으며 현재 국내에서 중추성(진성) 성조숙증으로 주사제 치료를 받는 아이들은 매우 많습니다. 지금까지 사춘기 지연 치료제와 관련해 보고된 많은 학회 자료에 따르면 사춘기 지연제의 사용이 골밀도를 감소시키거나 수정 및 임신 능력에 영향을 미치는 부작용은 거의 없다고 발표되고 있습니다.

다만 사춘기를 늦추는 치료를 하다 보면 성호르몬 분비가 억제되면서 키 크는 속도가 떨어질 수도 있는데 사춘기를 지연시키기 위해 생식선자극호르몬 방출호르몬 약제를 쓰면 성호르몬 분비가 억제되고, 이어서 성장호르몬의 분비도 억제되므로 키 크는 속도가 줄어드는 것은 피할 수 없습니다. 사실 성호르몬은 성장호르몬을 도와 키가 크도록 도와주는 호르몬이지만 성장판이 지나치게 빨리 닫히게 만드는 문제가 있을 뿐입니다.

따라서 사춘기 지연 치료를 받으면 매년 자라던 속도가 느려질 수 있으나 키에 손해를 보는 것은 아니고, 치료 전보다는 더 오랜 기간 자라기 때문에 성인이 되었을 때 최종 키는 사춘기 지연 치료를 하지 않는 것보다 더 큽니다. 중추성(진성) 성조숙증으로 아이가 사춘기를 일찍 맞아 성장판이 빨리 닫히는 것보다는 조금 더디어도 오래 자라는 것이 결론적으로 훨씬 크게 자랍니다. 2~3년간 계속 치료하면 평균 3~4cm는 더 자라게 하는 데 도움이 됩니다.

성호르몬은 뼈를 자라게 하고 단단하게 해주는 역할을 하므로 성호르몬 분비와 작용을 억제할 때에는 뼈가 약해지지 않도록 특히 칼슘이 많이 든 음식을 많이 먹어야 합니다.

보통 치료 종료 1년에서 1년 6개월 후 월경을 하게 됩니다. 1980년대 주사 치료를 하고 성인이 된 경우를 장기간 추적 관찰했을 때 불임이나 다른 합병증은 없었다고 보고되고 있습니다.

주사 외에 약은 없을까

아로마타제 억제제라는 먹는 약이 있습니다. 성장판을 닫히게 하는 주 원인이 에스트로겐이기 때문에, 이 에스트로겐을 억제하면 성장판을 조금 더 늦게 닫히게 할 수 있습니다. 아로마타제라는 효소는 테스토스테론을 에스트로겐으로 전환시키며 아로마타제 억제제는 에스트로겐의 생성을 방해하는 단백질입니다.

사춘기에 접어든 키가 작은 남자아이에게 사용하면, 남성호르몬은 비록 좀 높아져도 뼈 성장판을 닫히게 하는 데 더 중요한 역할을 하는 에스트로겐을 억제하므로, 이 약을 먹으면 성장판이 닫히는 것을 지연시키고 성인 키도 증가한다는 이론에 근거합니다. 그러나 여자아이가 이 약을 먹으면 남성호르몬인 테스토스테론을 증가시키기에 함부로 사용할 수 없고, 남자아이가 복용을 해도 여드름 증가나 테스토스테론 과다 증상이 나타날 수 있기 때문에 신중해야 합니다.

성장판이 다 닫혀가는 아들을 위해 뒤늦게라도 키를 키워보고자 먹는 사춘기 지연제에 관심이 많습니다. 하지만 이 약은 일반적인 성조숙증에서 치료가 공인되지 않았고 장기적 안정성에 대해서도 아직 연구가 필요한 상황입니다.

8장

잘 먹는 우리 아이, ‘아차’ 하면 소아비만

071

코로나 이후에 살이 너무 쪘어요. 우리 애만 이런가요?

2019년 12월, 신종 코로나19 바이러스의 출현으로 아이들의 생활 방식이 크게 바뀌었습니다. 휴교와 더불어, 사회적 거리두기 때문에 집에서 보내는 시간이 늘어나게 되었죠. 외부 활동을 하지 못하고 집에서 생활하는 시간이 길어짐에 따라 아이들의 체중은 늘어만 가고 부모의 한숨도 늘어만 갑니다.

최근 저의 연구팀은 우리나라 중고생(12~18세) 109,282명을 대상으로 코로나19 팬데믹 이후 생활 습관 변화와 비만율 증가를 분석했습니다.[28] 코로나19 팬데믹 전후를 비교했을 때 비만율이 확실해 증가했는데, 이러한 비만율 증가는 특히 남자 중학생에서 뚜렷하게 나타났습니다. 그 외에 남녀 모두 과일 섭취 감소, 운동 빈도 감소, 수면 시간 감소, 좌식 시간 증가와 같이 좋지 않은 생활 습관이 증가했습니다.

온라인 수업뿐만 아니라 밤늦게까지 게임이나 핸드폰을 하면서 생활 습관이 엉망진창이 되어버린 아이들의 건강, 참으로 걱정이 됩니다.

072

그냥 통통한 거 아닌가요? 비만의 기준이 있나요?

소아는 계속 성장하므로 연령별 기준이 다릅니다. 비만의 정도를 측정하는 방법으로 체질량지수(BMI)를 계산하는 방법이 있습니다. 이 방법은 아이가 만 2세 이상일 때 적용할 수 있습니다. 체질량지수는 체중을 키의 제곱으로 나눈 값입니다. 예를 들어 만 10세인 남자아이가 키 140cm, 몸무게 40kg이라면 BMI는 40÷(1.4×1.4)=20.4가 됩니다.

소아는 BMI 백분위수가 85~94백분위수에 해당하면 과체중, 95백분위수 이상이면 비만이라고 합니다. 아이가 BMI 85백분위수 이상이면 병원에 가서 의사와 상담하고 합병증이 없는지 검사한 후 비만 전문가의 도움을 받는 것이 좋습니다. 고도비만은 BMI 99백분위수 이상인 경우를 말합니다. BMI 95백분위수의 120%를 2단계 비만, 140% 이상 기준을 3단계 비만으로 말하기도 합니다. 그런데 부모가 BMI를 계산한다 하더라도 BMI의 연령별 백분위수에 해당하는 값을 일일이 알기 어렵습니다.

비만의 기준으로는 체질량지수도 있지만 복부 둘레도 매우 중요합니다. 아이들에서 복부비만은 연령별 허리둘레의 90백분위수 이상인데 이것도 마찬가지로 부모님들께서 해당하는 값을 알기가 어렵습니다. 그래서 단순 팁을 알려드리겠습니다.

줄자로 수시로 자녀의 키와 허리둘레를 재서 기록하세요. 단순히 체중이 많은 것보다 복부비만(내장지방 축적)이 당뇨병 등 심각한 질환과 연결되기 때문에 매우 중요합니다. 허리둘레는 절대로 키의 반을 넘지 않도록 해야 합니다. 키가 140cm라면 허리둘레는 70cm 미만이 되어야 합니다. 허리둘레가 키의 반을 넘으면 대사증후군과 같은 비만 합병증이 생길 확률이 매우 높아집니다.[29]

073

왜 이렇게 살이 찔까요?

"또래보다 훨씬 더 살이 잘 찌는 것 같아요."
"많이 먹는 것 같지 않은데 살이 쪄요."

부모가 비만이면 자녀도 비만

많이 먹지 않는데도, 활동량이 많은데도 살이 잘 붙는 아이가 있습니다. 이런 아이들은 부모로부터 살찌는 유전자를 물려받은 경우입니다. 부모 모두 비만이면 80%의 확률로 자녀도 비만이 되고, 부모 중 한 명만 비만이면 40% 확률로 비만이 됩니다.

질병으로 인해 비만인 경우

많이 먹지 않는데도 살이 많이 찌는 억울한 경우도 많습니다. 렙틴이나 렙틴 수용체 유전자, 멜라노콜틴 수용체 유전자, 에너지 대사조절 유전자 등 유전자에 변이가 생기면 살이 찔 수 있습니다. 성장호르몬 결핍증, 갑상선기능저하증, 부신피질 호르몬 과다증 등 호르몬 불균형에 의해 살이 찔 수도 있습니다. 프라더윌리증후군과 같이 식욕중추에 이상이 생겨 많이 먹고 살이 찌는 증후군도 많습니다. 뇌 수술 후에도 식욕중추의 손상으로 비만이 될 수 있습니다.

환경호르몬도 비만을 야기할 수 있다

요즘은 환경호르몬도 비만을 야기할 수 있는 것으로 알려졌습니다. 환경호르몬은 지방조직 생성과 에너지 균형 사이에서 정상적인 발달과 항상성을 교란해 비만을 초래합니다. PPARγ라는 인자에 작용해 지방세포의 숫자 및 크기를 증가시킵니다. 그리고 에스트로겐 수용체에도 작용하여 지방 합성을 증가시킵니다. 그 밖에도 지질합성효소의 활성도를 증가시키고, 인슐린 의존성 지방조직을 증가시키고, 시상하부의 식욕중추에 영향을 주고 에너지 균형조절을 교란시켜 비만을 야기할 수 있습니다. 미세먼지,[30] 주석이나 페놀류,[31,32] 프탈레이트,[33,34] 브롬화난연제 등 여러 환경호르몬이 비만과 관령성이 있는 것으로 연구되고 있습니다.

074

나중에 살이 키로 가지 않을까요?

어릴 때 찐 살은 다 키로 간다?

부모님의 가장 큰 관심은 비만이면 키가 많이 작아질까 하는 문제입니다. 어릴 때 찐 살은 다 키로 간다는 옛말이 있습니다. 이것은 아이들의 급성장기에 성장호르몬 분비가 부쩍 늘어 키가 많이 크고, 지방 분해도 많이 일어나 날씬해지기 때문에 나온 말입니다. 성장호르몬은 뼈를 자라게 하며 지방을 분해하는 기능도 있기 때문인데요. 겉보기에 살이 빠지면서 키가 많이 크기 때문에 살이 키로 간다는 말이 나오게 된 것입니다. 하지만 살이 다 키로 가는 것은 아니며, 비만이라고 키가 다 작은 것도 아닙니다.

비만이 가져오는 합병증

비만이 점점 심해지면 이상지질혈증, 지방간, 고혈압, 대사증후군, 당뇨병 등이 생길 수 있습니다. 초등학생 때 성장클리닉에 내원하는 고도비만 아이들이 많습니다. 부모에게 아이가 고도비만이니 적극적으로 관리하자고 합니다. 그러나 그 이후로 병원에 오지 않다가 2~3년이 지나서야 불쑥 나타났는데 그때는 이미 돌이킬 수 없이 심각한 당뇨병 상태가 된 경우를 많이 경험합니다. 첫 검사에서 당뇨병이나 큰 합병증이 없더라도 방심하고 관리하지 않으면 수년 내에 당뇨병이나 심각한 합병증이 발생해 내원하는 경우가 허다합니다.

아이에게 당뇨병이 생기기 전에 병이 생길지 미리 알 수 있는 방법이 있습니다. 바로 대사증후군이 있는지 확인해보는 것입니다. 복부비만이 있으면서 고혈당, 고혈압, 고중성지방혈증, 저HDL 콜레스테롤혈증 중 2가지 이상이 있다면 향후 당뇨병과 심혈관 질환의 발생률이 매우 높습니다.

우리나라 소아에서도 이러한 대사증후군이 점점 증가하며 건강 신호등에 빨간불이 켜졌습니다.[35, 36] 저의 연구팀은 2021년 한국 청소년 6,308명을 분석한 결과, 지난 10여 년간 복부비만, 고혈당, 대사증후군이 큰 폭으로 증가함을 확인했습니다. 그리고 부모가 대사증후군이 있다면 자녀들도 대사증후군이 생길 위험도 매우 높습니다. 저의 연구팀은 2012년에 한국 청소년 4,657명의 대사증후군 현황을 분석한 바 있습니다.[37] 한쪽 부모가 대사증후군이 있을 때 자녀의 발생 위험도는 4.2배, 부모 중 한 사람이 대사증후군이 있을 때 자녀의 발생 위험도는 8.7배가 되었습니다. 부모와 자녀는 유전자도 공유하며 비슷한 생활 환경과 습관을 공유하기 때문입니다.

한편 아이가 비만이 되면 집단행동에 참가하길 싫어하며 열등의식,

대인관계 장애, 우울증 등 심리적 문제가 나타나기도 합니다. 이는 연령이 높아지면서 스스로 비만을 의식하게 되면서 더 심각해지는 경향이 있습니다.

075

비만이면 사춘기도 빨리 오나요?

여자아이가 비만인 경우

비만 때문에 성조숙증이 생길 수도 있을까요? 비만은 특히 여자아이에게 성조숙증을 야기할 수 있습니다. 몸에 잔뜩 쌓여 있는 체지방에서 성호르몬을 많이 만들어 사춘기를 앞당기는 것입니다.[38, 39] 특히 체지방이 많아지면 지방세포에서 렙틴이라는 물질을 만들어 뇌로 보내는데요. 이것이 "이제 때가 됐으니 슬슬 사춘기를 시작하라"는 신호로 작용하며 인슐린의 분비도 많아져서 성호르몬이 더욱 잘 분비되기 시작합니다. 체중이 약 45~48kg 이상이 되면 나이와 관계없이 초경이 시작될 수도 있습니다.

남자아이가 비만인 경우

남자아이는 겉보기에는 음경이 작아 보일 수 있으나 비만일수록 성장판이 빨리 닫히기 때문에 성조숙증까지 해당하지는 않아도 어릴 때 잘 자라고 빨리 성장이 끝나는 경우도 많습니다.

남녀 모두에서 비만이 심하면 뇌에서 성장호르몬이 적게 분비되고 성장호르몬이 몸에서 제거되는 비율이 증가합니다. 성장을 직접 촉진하는 인슐린유사성장인자(IGF-1)는 주로 간에서 만들어지지만, 일부는 지방조직에서도 만들어집니다. 뚱뚱한 아이는 지방세포가 많아 성장인자가 더 많이 만들어지므로 처음에는 친구들보다 키가 약간 크지만 뚱뚱한 상태가 계속되면 뇌의 시상하부에서 성장호르몬 분비를 억제하는 소마토스타틴이라는 호르몬이 분비되어 성장호르몬 분비를 줄입니다. 보통 아이들보다 혈액에서 성장호르몬이 빨리 줄어들어 효율성도 떨어져 결국 덜 자라게 됩니다.

076

아이의 살을 빼는 게 너무 어려워요. 관리 포인트는 무엇인가요?

살이 찌는 원리는 먹은 에너지보다 쓰는 에너지가 적기 때문입니다. 소아비만은 식욕억제제 등 약물로 치료하지 않습니다. 식습관과 생활환경을 바꾸고 식사요법, 운동요법, 행동요법을 병행하여 먹은 에너지 양과 쓰는 에너지 양의 균형을 맞춰야 합니다.[40]

어릴 적부터 식습관을 잘 들여야 합니다

'세 살 버릇 여든까지 간다'는 말이 있듯이 영유아기의 식습관은 소아청소년기 식습관으로 이어집니다. 열량이 적고 포만감을 줄 수 있는 메뉴로 식단을 짜는 것이 좋습니다, 어릴 때부터 폭식, 과식을 하지 않도록 하고, 아이스크림, 초콜릿, 햄버거와 피자, 탄산음료에 중독되지 않도록 건강한 식습관을 들여야 합니다. 특히 피자나 중국 음식은 먹이지 않도록 합니다. 간식으로 과자보다는 수분이 많은 과일을 먹도록 합니다. 수분과 섬유질이 많아 배는 부르지만 열량이 적고 당도가 적은 과일을 선택합니다.

하루 섭취열량을 점검해야 합니다

성장기이므로 하루 섭취열량을 확인해서 과도하지도 부족하지도 않게 해야 합니다. 다이어트를 하더라도 성장에 필요한 영양소는 부족하지 않게 공급되어야 하기 때문입니다. 저탄수화물, 저지방, 고단백질 식사가 원칙이며 오랜 기간 천천히 몸무게를 줄여야 합니다. 기름기 없는 고기와 흰살생선을 많이 이용하고, 볶음이나 튀김보다는 삶거나 데쳐 기름을 적게 쓰는 조리법으로 요리합니다. 식전에 핸드폰으로 식판을 사진 찍고 칼로리 앱으로 확인하면 몇 칼로리를 먹었는지 확인할 수 있습니다. 일반적으로 자신의 에너지 필요량보다 하루 500kcal 정도 적게 섭취하면 일주일에 0.5kg 정도 체중 감량을 기대할 수 있으며, 복부지방 및 허리둘레 감소에도 효과가 있습니다. 이러한 식이요법을 제대로 지킬 경우 6개월에 원래 체중의 10% 정도를 감량할 수 있습니다만, 성장기 아이들에게 무리한 체중 감량은 좋지 않습니다.

생활 습관과 행동을 바꿔주어야 합니다

스트레스를 먹는 것으로 푸는 버릇이 있다면 스트레스의 원인을 찾아 없애고, 과식과 폭식, 불규칙한 식습관을 없애야 합니다.

소량으로 삼시 세끼를 다 먹어야 합니다

그릇에 담긴 음식들을 훑어보아 채소, 과일, 기름기 적은 단백질 식품인지 확인하고 작은 그릇을 이용해 음식의 양을 줄입니다. 여기에 매끼 빠지지 않고 식사를 챙겨 먹는 것이 중요합니다. 식사를 거르면 다음 식사에 과식하게 되기 때문이죠. 저의 연구팀이 우리나라 청소년 2,094명의 비만 유병률과 혈액 지질 농도를 분석한 결과 아침을 결식한 학생은 고지혈증의 위험도가 매우 높았습니다.[41] 아침에 식사를 거르면 학교 매점에서 빵과 과자, 음료 등 간식 섭취를 하거나 점심때 폭식하게 되면서 비만도 악화되며 포화지방 섭취가 증가하기 때문입니다.

천천히 먹어야 합니다

같은 양이라도 빨리 먹으면 혈당이 빨리 오르고, 뇌에서 포만감을 미처 느끼지 못해 과식하기 쉽습니다. 음식을 너무 다져서 주지 말고, 많이 씹어야 삼켜지는 채소 등을 주는 것이 최선의 방법입니다. 아이에게 20회씩 천천히 씹어 먹게 하고, 부모가 식탁에 앉아 아이에게 말을 많이 걸어주는 것도 방법입니다. 조금 극단적인 방법으로는 젓가락으로만 먹게 하거나 평소에 쓰는 손이 아닌 수저질이 힘든 손으로 식사를 하는 법도 있습니다.

혈당을 천천히 올리는 식품을 선택합니다

초콜릿, 케이크, 탄산음료, 과일주스처럼 빨리 흡수되는 당분보다는 천천히 소화되는 다당류가 살이 덜 찌며 같은 다당류라도 국수나 빵보다는 밥이, 백미보다는 현미밥이 살이 덜 찝니다.

저녁 식사량을 줄이고 많이 움직여야 합니다

저녁에는 낮만큼 몸을 움직이지 않아 많이 먹으면 남는 만큼 바로 살이 되므로 되도록 오후 7시 이후에는 먹이지 말고 식사량을 점심보다 줄입니다.

부모가 모범을 보여야 합니다

부모가 야식을 먹는 일은 절대 삼가야 아이의 살이 빠질 수 있습니다. 부모의 일방적인 잔소리가 아니라 아이와 함께 운동하는 등 진정성 있는 부모의 도움이 중요합니다.

077

비만 탈출을 위해 아이에게 어떤 운동이 좋을까요?

"30분을 걸어도 주스 한 잔. 30분을 뛰어도 피자 한 쪽 먹으면 칼로리 소모한 게 말짱 도루묵이 되니 운동을 시킬 의욕이 안 생겨요. 힘들게 운동하느니 건강한 식단으로 다이어트만 하는 게 낫지 않을까요?"

비만 관리를 할 때 다이어트만 해서는 안 되고 운동을 해야 합니다. 아이들은 적절한 칼로리로 영양 섭취를 시키면서 운동을 해야 건강하게 살을 뺄 수 있습니다. 운동을 해야 성장호르몬도 더 많이 분비됩니다. 체중이 중요한 게 아니라 운동을 해서 체지방을 줄이고 근육을 늘려야 기초대사량이 증가해 효율적으로 체중 관리가 됩니다. 목표를 너무 높게 잡지 않고 체중을 유지만 해도 우선은 성공입니다. 중요한 것은 아이의 체력에 맞는 운동의 종류, 강도, 지속 시간을 고려해야 한다는 점입니다. 고도비만인데 줄넘기를 시킨다면, 아이는 숨 가쁘고 고통스런 경험 때문에 점점 더 운동을 멀리하게 되겠지요.

취학 후 연령에서는 운동의 선택 폭이 많지만 영유아는 비만 관리를 위한 운동이 마땅치 않을 수 있습니다. 그래도 실내에서 탱탱볼 던지기, 고무줄넘기, 누워서 자전거 타기, 에어로빅 영상 보며 따라 하기 등 생각해보면 종류는 많습니다. 물을 좋아한다면 수영장에서 물놀이, 공을 좋아한다면 탱탱볼을 던지고 차기, 놀이기구를 좋아한다면 놀이터, 타는 것을 좋아한다면 세발자전거 타기, 친구를 좋아한다면 친구들과 놀이공간을 만들어주기, 게임을 좋아한다면 몸으로 글자 모양 만들기 등 아이의 성향을 고려해야 합니다. 놀이를 할 때에는 부모가 함께하며 운동이 즐겁다는 것을 인식시키는 것이 중요합니다.

초등학생 때는 태권도장이나 수영, 주말 체육 등 운동을 시킬 다양한 방법이 있습니다. 사춘기 연령이 된다면 시간도 없고 취향도 강해지므로 운동 종목을 아이가 선택하도록 합니다. 음악을 들으며 동네를 산책하는 것부터 엘리베이터만 타지 않고 계단 이용하기, 주말에 마트나 백화점에서 쇼핑하며 많이 걷는 것도 운동입니다. 스마트폰에 만보기 및 운동 소모량이 객관적으로 기록될 수 있는 앱을 이용해 운동 기록을 남기며 성취감을 얻도록 합니다.

원칙적으로, 체중 감량을 위해서는 중등도 강도 이상의 운동이 좋습니다. 중등도 강도는 운동했을 때 땀이 약간 나고 대화는 가능하나 노래를 부르기는 힘든 정도를 말하는데, 매일 20~30분 정도는 하는 것이 좋습니다. 중등도 강도 이상의 운동의 대표적인 예는 빠르게 걷기입니다.

그리고 무엇보다 운동할 시간을 주어야 합니다. 공부가 더 중요한 것 같아 운동할 시간을 내주지 않으면 겨우 5분 정도 운동하거나 밤늦게 운동 시간을 잡게 되어 현실적으로 체중 감량이 어려우니 운동할 시간을 관리해줘야 합니다.

꼬리에 꼬리를 무는 엄마들의 궁금증

언제, 얼마나 운동을 해야 할까요? ▶

078

아직 어린데 고지혈증이 있대요.

콜레스테롤 혈액 검사는 필수?

요즈음 아이들에서도 고지혈증이 놀라울 정도로 흔히 발견됩니다. 비만인 아이뿐만 아니라 부모가 고지혈증이 있다면, 비만하지 않은 아이에서도 그러한 체질(유전자)을 물려받아 고지혈증이 있는 경우도 있습니다. 그러므로 부모 중 한 명이라도 콜레스테롤이 240mg/dl 이상으로 높거나 부모, 조부모, 이모, 고모, 삼촌 등 가족 내 조기 심혈관 질환(남자 55세, 여자 65세 미만에서)이 있을 때, 아이가 만 2세 이후에 비만, 당뇨병을 진단 받으면 고지혈증 검사를 꼭 해보는 것이 좋습니다.

지질이란 우리 몸이나 음식의 기름 성분을 통칭하는데, 지질 중에서 대표적인 것이 콜레스테롤과 중성 지방입니다. 콜레스테롤은 우리 몸의 세포막을 구성하고 필요한 물질(담즙, 스테로이드호르몬, 비타민D) 등을 만들어내는 아주 중요한 물질입니다. 중성 지방 또한 간이나 지방 조직에 저장이 되었다가 필요할 때 에너지로 사용하게 되는 중요한 물질입니다. 단지 몸에 과잉이 되면 이른 나이에도 질병을 일으킬 수 있기에 고지혈증을 침묵의 살인자라고도 부릅니다.

혈액 검사를 하면 총 콜레스테롤, LDL 콜레스테롤, HDL 콜레스테롤, 중성 지방 이렇게 4가지를 확인하게 됩니다. LDL은 콜레스테롤을 싣고 몸의 곳곳에 필요한 부위에 전달을 하는데, LDL 콜레스테롤이 높으면 남은 것을 제대로 처리하지 못하고 혈관 벽에 남아 죽상동맥경화증 같은 염증을 일으키므로 나쁜 콜레스테롤이라 부릅니다. 반면, HDL은 몸에서 사용하고 남은 콜레스테롤을 간으로 이동시켜 분해해서 제거하는 역할을 하므로, HDL 콜레스테롤은 남은 콜레스테롤을 청소해주는 좋은 콜레스테롤이라 부릅니다.

고지혈증이라 하면 LDL 콜레스테롤이나 중성 지방이 높은 경우이고 고지혈증과 더불어 좋은 HDL 콜레스테롤이 낮은 경우를 '이상지질혈증'이라 합니다.

소아에서 이상지질혈증의 기준과 빈도

그럼 소아에서는 수치가 어느 정도일 때 병적으로 안 좋은 이상지질혈증이라 할까요? 소아에서 총 콜레스테롤은 200mg/dl 이상, LDL 콜레스테롤은 130mg/dl 이상, 중성 지방은 130mg/dl (10세 미만은 100) 이상이면 고지혈증이라고 합니다. HDL 콜레스테롤은 높을수록 좋은 콜레스테롤이므로 40mg/dl 미만을 이상지질혈증의 기준으로 합니다. 이 중에서도 몸에 가장 나쁜 것은 LDL 콜레스테롤이 높을 때입니다. 심뇌 질환을 예방하기 위해 LDL 콜레스테롤을 정상범위로 유지하는 것이 무엇보다 중요합니다.

저의 연구팀은 2021년에 우리나라 정상 청소년 9,044명을 대상으로 고지혈증 현황과 2007년에서 2018년까지 추이를 분석해보았습니다.[42] 그 결과, 고콜레스테롤혈증은 약 10% 정도이며 최근 10여 년간 고콜레스테롤혈증이 상당히 증가하고 있음을 확인했습니다. 놀라운 것은 이상지질혈증의 빈도가 거의 30% 에 육박하는 상황이었습니다.

가정에서 해야 할 일

매일 공급되는 콜레스테롤의 20~30%만 음식을 통해 공급받고 70~80%는 체내에서 만들어지므로 식사가 콜레스테롤에 미치는 영향은 낮습니다. 그나마 식사로 섭취한 콜레스테롤의 반만 흡수가 되므로 식이조절만으로는 콜레스테롤을 호전시키는 효과가 낮습니다.

성장기 아이들이 잘 자라려면 하루 1개 정도의 달걀과 적당량의 고기도 먹여야 합니다. 육류 중에서는 소고기 → 돼지고기 → 닭고기 순서로 포화지방의 함량이 많고, 콜레스테롤이 많은 음식은 육류 중에서도 간을 비롯한 내장에 많고 알류에 많습니다. 같은 쇠고기라도 소꼬리나 소갈비에는 포화지방과 칼로리가 매우 높고 안심은 상대적으로 낮습니다. 돼지고기도 삼겹살에는 포화지방산이 높고 목살이나 족발에는 낮으며 곱창에는 콜레스테롤이 높습니다. 닭고기도 닭다리에는 포화지방산이 높고 닭가슴살은 낮습니다. 부위와 조리법을 현명하게 선택하는 것이 중요합니다.

LDL 콜레스테롤을 낮추려면 포화지방산을 덜 먹어야 하는데, 포화지방이 많은 케이크, 햄버거, 피자, 라면, 아이스크림 등의 간식을 주의해야 합니다. 불포화지방산(생선, 아보카도, 견과류 등)도 과도하게 섭취하면 에너지 과잉이 될 수 있어 총 지방 섭취량도 조절해야 합니다.

한편, 좋은 기름이라 하면 포화지방산이 아닌 오메가3나 오메가6와 같은 불포화지방산을 지칭합니다. 오메가3를 포함한 음식은 들기름, 아마씨, 호두 등의 순서로 많고 오메가6는 포도씨유, 콩기름, 참기름 등의 순서로 식용유에 많은데 오메가3와 오메가6의 균형을 유지하는 것이 중요합니다.

아이들은 선불리 약 치료를 시작하진 않지만 10세 이상에서 6개월 정도 음식을 엄격히 조절해도 LDL 콜레스테롤이 너무 높다면 콜레스테롤을 낮추는 약으로 치료하게 됩니다.

079

통통한 비만인 줄 알았는데 당뇨병 직전 단계라고요?

비만 아동의 혈액 검사를 해보면 당뇨병 직전 단계인 경우가 많습니다. 부모 혹은 조부모가 이미 당뇨병을 앓아서 만성병이라는 것을 알면서도 설마 아이의 혈당이 높으리라고는 상상조차 못한 경우가 많습니다. 과거 소아 당뇨병은 췌장의 베타 세포가 면역기전으로 파괴되어 인슐린을 분비하지 못하는 1형 당뇨병이 많았습니다. 그런데 비만이 증가하면서 소아에서 2형 당뇨병이 급증하고 있습니다. 2형 당뇨병은 인슐린은 분비가 되지만 세포에 가서 잘 작용을 못하는 인슐린 저항성 상태입니다.

당뇨병 진단의 기준

당뇨병의 진단 기준은 성인이나 아이나 같습니다. 식전에 혈당은 100mg/dl 미만이 정상, 당화혈색소는 5.6% 이하가 정상입니다. 한 번 체크한 혈당은 먹은 상태나 몸속의 스트레스 상황에 따라 기복이 심한데, 당화혈색소(HbA1c)라고 하는 혈색소(헤모글로빈)에 붙은 당은 안정적으로 지난 3개월간의 종합적 혈당 조절 상태를 말해주는 지표가 될 수 있습니다.

아무 때나 측정한 혈당이 200mg/dl 이상이면서 당뇨병의 증상이 있거나, 8시간 공복 후 측정한 혈당이 126mg/dl 이상일 때, 혹은 당화혈색소가 6.5% 이상일 때를 당뇨병이라 합니다.

공복혈당장애, 내당능장애, 당뇨병 전 단계는 모두 비슷한 개념인데 공복 후 측정한 혈당이 100~125mg/dl이거나 당화혈색소가 5.7~6.4%에 해당하면 당뇨병 전 단계라고 합니다. 혈당이 애매하게 높으면 경구당부하 검사라고 해서 정해진 설탕물을 마시고 2시간 후 혈당을 측정해서 내 몸의 당 처리 능력을 판단하기도 하는데 이때 혈당이 140~199mg/dl이면 내당능장애 즉 당뇨병 전 단계로 볼 수 있습니다.

이 당뇨병 전 단계는 신이 주신 당뇨병 예방의 마지막 기회입니다. 이때 비만을 조절하고 생활 습관 관리를 잘하면 정상으로 될 수 있지만 조절하지 않으면 5~10%가 매년 당뇨병으로 진행되기 때문입니다. 당뇨병으로 진행하면 그 고통은 겪어본 사람만이 알 정도로, 친구들과 함께 어울려 먹고 싶은 것도 못 먹고, 정기적인 혈당 검사를 해야 하며, 합병증을 항상 염두에 두어야 하는 고통스러운 질병입니다. 아직 당뇨병 전 단계가 당뇨병이 아니라고 안심하면 안 되고 복부비만이 있거나 당뇨병의 가족력이 있거나 당화혈색소가 6% 이상이라면 당뇨병으로 진행될 확률이 매우 높다는 것을 명심하고 관리해야 합니다.

080

아이들도 지방간이 있나요?

"아이가 많이 뚱뚱하지만 아무 아픈 증상은 없는데 피 검사까지 할 필요가 있을까요?"

피 검사를 거부하는 아이와 부모를 겨우 달래서 피 검사를 해본 결과 심각하게 간 효소 수치가 증가된 경우를 자주 접합니다.

지방간은 간 무게의 5% 이상이 지방으로 쌓인 경우를 말하는데, 과거 성인에서는 알코올성 지방간이 많았지만 소아에서 지방간은 술을 많이 마셔서가 아닌 비만, 고지혈증 등으로 인해 생기는 비알코올 지방간 질환(non-alcoholic fatty liver disease, NAFLD)이 많습니다.

피곤하고 쉽게 지치고 구역감, 구토, 우상 복부의 통증 등의 간 증상이 나타나는 경우는 드물며, 그냥 검사에서 간 기능이 나쁘다고 발견되는 경우가 많습니다. 혈액 검사에서 간 효소인 AST(SGOT), ALT(SGPT) 효소의 수치가 높다면 간세포 손상이 높다는 것을 의미합니다. 보통 성인의 경우 혈액에서 ALT 정상수치를 40IU/L 이하로 알고 있지만 소아에서는 26IU/L 이상도 높은 편이며 수치가 높을수록 대사증후군이 많이 동반됩니다.[43] 중등도 이상의 비만 아동에서 아무런 증상도 없이 혈액 검사에서 100IU/L 이상이 나오는 경우도 종종 있습니다.

좀 더 상태를 확인하기 위해 복부(간) 초음파를 할 수 있으나 초음파는 지방 축적이 30% 미만인 경우에는 민감도가 낮을 수 있습니다.

소아 지방간은 치료제가 제한되어 있으므로 운동을 하면서 체중(특히 뱃살)을 빼는 것이 중요합니다. 과다한 당질은 중성 지방 형태로 간에 축적되므로 당질 섭취를 줄이고 특히 액상과당이 든 음료수를 줄여야 합니다. 고지방 어육류가 아닌 저지방 어육류를 선택하고, 고지방 음식의 외식이나 배달음식을 줄여야 합니다.

진료를 받으면서, 생활 습관을 개선하여 체중을 적절히 감량하게 되면 증가된 간 기능 수치가 정상으로 되돌아오고 지방간이 좋아지는 경우도 많습니다.

그렇지만 단순한 지방간을 방치하면 간세포 내 지방이 축적될 뿐만 아니라 섬유화나 염증을 일으키는 산화스트레스가 작용해서 지방간염(non alcoholic steatohepatitis, NASH)으로 진행되고 이 상태부터는 치료가 쉽지 않고 간이 딱딱해지는 간경변증까지 진행할 수도 있으니 절대로 가볍게 생각해서는 안 됩니다.

우유

영양 관리로
키 키우기

081

키 크는 데 좋은 음식이 따로 있나요?

성장에 가장 중요한 영양소인 단백질을 채워주는 음식이 좋습니다. 단백질은 열량을 제공하며, 새로운 조직을 만들어내는 역할을 합니다. 단백질을 섭취하면 소화 작용을 통해 아미노산으로 분해되고, 아미노산은 혈액을 통해 이동하여, 필요한 세포나 조직으로 가서 새로운 단백질인 뼈, 근육, 효소, 항체 등을 만드는 재료로 사용됩니다. 동물성 단백질은 고기, 생선, 달걀흰자, 유제품 등이고, 식물성 단백질은 콩, 두부 등이 있습니다. 동물성 및 식물성 단백질을 모두 골고루 먹여야 합니다.

성장기에는 하루에 몸무게 1kg당 1g 이상의 단백질을 먹어야 하는데 대략 매일 아이의 손바닥만큼을 먹이도록 합니다.

쇠고기, 돼지고기, 닭고기

쇠고기에는 특히 성장기 어린이에게 중요한 리신, 철분, 아연이 많습니다. 돼지고기에는 탄수화물을 에너지로 바꾸는 데 필요한 비타민B1이 쇠고기보다 10배 가까이 들어 있으며 닭고기는 단백질이 풍부하며 비타민A도 많습니다. 그러므로 고기도 한 가지만 먹이지 말고 바꿔가면서 주도록 하고, 반드시 채소를 곁들여 먹는 버릇을 들여야 합니다.

달걀

달걀은 좋은 단백질을 값싸게 얻을 수 있는 최고의 식품입니다. 성장에 필요한 필수아미노산이 모유 다음으로 많으며, 영양가는 높지만 열량은 낮고 소화 흡수가 잘됩니다. 노른자의 레시틴은 뇌와 신경조직의 중요한 구성 성분으로 두뇌 발달을 돕고 미세혈관을 튼튼하게 하며 콜린, 비타민, 무기질, 지방 등이 들어 있습니다. 간혹 노른자의 콜레스테롤을 걱정하는 부모가 있습니다. 하지만 달걀 한 개의 콜레스테롤 함량은 약 250mg(하루 콜레스테롤 섭취 권장량은 300mg)이고 이 중 몸에 흡수되는 양은 약 80mg밖에 안 되므로 하루에 달걀 한두 개는 먹는 것이 좋습니다.

콩과 두부

콩은 35~40%가 단백질입니다. 아이들은 콩을 싫어하는데 어릴 때부터 자주 먹여 습관을 키워야 합니다. 두부는 콩보다 단백질이 적고 지방도 적어 열량이 낮으며, 콩보다 소화가 더 잘되는 좋은 식품입니다.

고등어, 참치, 멸치

영양의 균형을 고려해 싱싱한 생선을 일주일에 두세 번은 먹는 것이 좋습니다. 고기는 '좋은 단백질 + 나쁜 포화지방산', 생선은 '좋은 단백질 + 좋은 불포화지방산'이라는 것을 기억해야 합니다. 고등어 같은 등푸른 생선이나 참치를 먹으면 질 좋은 단백질에 흡수율 좋은 헴철(헴과 결합된 철분), 혈관을 튼튼하게 하고 머리가 좋아지게 하는 EPA와 DHA를 한꺼번에 먹는 것이 됩니다.

우유와 두유

키 크는 음식 가운데 최고의 음식은 역시 우유입니다. 우유는 성장에 딱 맞는 영양소 배합을 가진 식품으로 우유 200ml 한 팩에 칼슘 220mg 정도가 들어 있습니다. 단백질 6~7g이 들어 있어 하루 우유 세 컵(600ml)만 마셔도 성장기 하루 칼슘 필요량인 800~1,000mg과 단백질 필요량을 어느 정도 충당할 수 있습니다. 우유 칼슘은 단백질인 카세인과 결합된 형태로 들어 있어 멸치나 새우 같은 다른 칼슘 식품보다 흡수가 잘되고, 우유 속 유당과 알기닌도 칼슘 흡수율을 높입니다.
우유와 우유 대용품 격인 두유는 다른 단백질 식품에 비해 소화 흡수율이 높은 단백질을 함유하고 있습니다. 두유는 우유와 열량은 비슷하지만, 칼슘은 우유보다 좀 적고 단백질과 철분, 몸에 좋은 불포화지방산은 우유보다 많지만 콩에 많은 피트산이 소화흡수나 칼슘, 철 등 무기질 흡수를 방해할 수 있으므로 만 2세 이전에는 조심할 필요가 있습니다. 또 우유는 대부분 무가당이고 저지방, 무지방 등 다양한 종류가 있는데 두유는 당분 및 첨가물이 상당량 첨가되므로 장단점을 생각해야 합니다.

버섯

버섯은 채소나 과일류처럼 무기질이 풍부하고, 단백질이 적절히 함유되어 채소와 고기의 장점을 고루 갖춘 식품입니다. 버섯에는 면역계를 활성화하고 혈전이 생기는 것을 예방하며 암 발생을 막는 물질이 들어 있습니다.
특히 표고버섯에 들어 있는 렌티난은 면역기능을 좋게 하는 강력한 항바이러스 물질로, 천연 방어 물질인 인터페론을 만들어내며 혈중 콜레스테롤 수치를 낮추는 효과가 있습니다. 생 표고버섯보다 말린 표고버섯이 성장기 어린이에게 더 좋은데, 버섯을 햇볕에 말릴 때 비타민D가 많이 생겨 칼슘 흡수를 돕기 때문입니다.

시금치와 브로콜리 등 신선한 푸른 채소

과거에 시금치를 많이 먹으면 힘이 불끈불끈 솟는 '뽀빠이' 아저씨가 나오는 만화영화가 있었습니다. 만화영화에서 먹는 것을 권장할 만큼 시금치에는 비타민A로 바뀌는 베타카로틴과 비타민C가 풍부하고, 비타민B1, B2, B6, 엽산, 철분도 많아 성장기 아이들에게는 아주 좋은 식품입니다. 브로콜리는 뼈 건강에 가장 중요한 칼슘이 아주 많고 칼슘 흡수를 돕는 비타민C도 많아 성장기 어린이에게 아주 좋습니다.

미역, 다시마, 김

미역과 다시마에는 칼슘과 무기질이 많아 뼈와 근육이 자라는 데 중요합니다. 이런 해조류에는 요오드가 많은데, 요오드는 어린이 뼈 성장과 뇌 발달에 아주 중요한 갑상선호르몬을 만드는 재료입니다. 다시마 속의 알긴산은 식이섬유소로 변비에 매우 좋습니다. 김은 해조류 중에서도 단백질 함량이 많고 섬유질과 각종 비타민, 칼슘과 철분도 풍부해서 좋은데, 그렇다고 너무 많이 먹는 것은 좋지 않으니 적절하게 먹어야 합니다.

당근

당근의 주황빛을 내는 베타카로틴은 항산화 작용으로 활성산소가 세포를 손상시키는 것을 막습니다. 당근을 많이 먹으면 베타카로틴이 비타민A로 바뀌어 야맹증 예방에도 도움이 됩니다.
보통 지용성 비타민은 너무 많이 먹으면 몸속에 쌓여 독 작용을 나타내지만 베타카로틴은 그런 부작용이 없어 안전합니다. 또한 당근은 수용 섬유소가 많아 장운동도 좋게 합니다.
베타카로틴의 하루 필요한 섭취량은 5~6mg이므로 중간 크기의 당근을 하루 한 개 정도 먹으면 충분합니다.

귤, 키위, 토마토, 사과

과일에는 비타민, 섬유질, 칼륨, 마그네슘, 항산화제 등 여러 좋은 성분이 많습니다. 그중에서도 귤은 한 개에 비타민C가 40mg이나 들어 있어 한두 개만 먹어도 하루에 필요한 비타민C가 충족됩니다. 비타민C는 면역력을 증강시키고, 세포를 재생하고 칼슘 흡수도 돕습니다. 토마토에는 각종 비타민과 칼륨, 칼슘, 유기산 등 영양소가 풍부합니다. 펙틴이라는 수용성 식이섬유가 많고 항산화 효과가 강력한 라이코펜이 나쁜 활성산소를 없애줍니다. 키위는 성장호르몬 분비를 촉진시키는 글루탐산과 아르기닌 등 다양한 아미노산이 들어 있고, 칼슘·칼륨·엽산·구리도 풍부해 키 크는 데 좋은 식품입니다. 사과는 비타민A, C, B1, B2, 칼륨이 많고 식이섬유도 많아 변비에도 좋습니다.

082

우유, 꼭 마셔야 하나요? 어떤 우유를 마셔야 할까요?

"우유, 마셔야 하나요? 안 마셔야 하나요?"

하루 2~3컵(1컵은 200cc) 정도의 우유를 마시는 것이 좋습니다. 우유는 탄수화물, 단백질, 지방뿐 아니라 칼슘, 인, 비타민B2, 비타민A가 골고루 들어 있습니다. 비타민B12, 비타민D, 마그네슘, 셀레늄 등 무기질과 비타민도 들어 있습니다. 단, 하루에 1리터 이상 과량 섭취하면 다른 무기질 즉 철분 등이 오히려 결핍될 수 있으니 주의하도록 합니다.

하루 2컵의 우유를 마시기 힘들다면 1컵을 마시더라도 고칼슘우유를 섭취하는 것도 한 방법입니다. 딸기우유나 바나나우유, 초코우유 등의 가공 우유에는 일반 우유보다 탄수화물이 약 2배 많고, 칼슘은 절반 정도밖에 안 되며 첨가물과 가당이 많습니다. 만약 우유를 너무 안 먹는 아이라면 아이가 선호하는 가공 우유와 일반 우유와 섞어서 주는 것도 한 방법입니다. 멸균우유는 냉장고 없는 곳에 외출할 때 비상으로 준비하는 정도로만 하는 것이 좋습니다.

일반 우유의 고소한 맛은 유지방 덕분인데 멸균우유, 저지방우유, 무지방우유는 맛이 없습니다. 그렇지만 우유에는 포화지방이 많으므로 만 2세, 늦어도 5세부터는 저지방우유(지방함유량 2% 이하)나 무지방우유(지방함유량 0.6% 이하)를 주는 것이 바람직합니다.

우유가 안 좋다는 논란들도 많습니다. "소에 투여한 성장호르몬이 우유에도 들어 있다." "소를 키울 때 항생제를 사용한다." "우유를 마시면 성조숙증이 생긴다." 등 많은 우려가 있습니다. 우유 생산을 늘리기 위해 극히 일부에서 소에게 성장호르몬을 사용하더라도 이러한 단백질은 장에서 소화되기 때문에 문제가 없고 안전하다는 것이 미국 식품의약국(FDA)과 WHO 및 국제적 전문가들로부터 공인된 상황입니다.

우유를 먹어서 성조숙증이 생겼다는 논리적 인과관계를 입증한 논문은 거의 없으며, 많은 선진국에서 아이들에게 우유 마시는 것을 적극 권장하고 있습니다.

유선염에 걸린 소에게 항생제를 사용하기도 하는데, 이때에는 일정 기간이 지난 후에 소젖을 짜게 되며 원유에서 항생제 검사를 해서 잔류 기준 허용치 이상이 측정되면 전부 폐기하므로 너무 우려하지 않아도 됩니다. 수많은 우려에도 불구하고 우유는 칼슘을 섭취할 수 있는 가장 좋은 급원이기에 성장기 아이들에게 기장 필요한 음식 한 가지를 말하라면 저는 우유를 추천합니다.

한편 요구르트는 칼슘과 더불어 유산균도 들어 있어 좋습니다. 단, 가당이 너무 많지 않은 것이 좋습니다.

우리나라 아이들이 가장 부족한 영양소, 칼슘

우리나라 소아에서 섭취가 가장 부족한 영양소가 칼슘입니다. 저의 연구팀은 2014년에 우리나라 소아청소년(1~18세) 7,233명을 대상으로 칼슘 영양에 대해 분석을 했습니다. 그 결과, 소아의 75%가 칼슘 섭취 부족이었고, 학동기 아동들은 대략 하루에 700~900mg(밀리그램)의 칼슘을 섭취해야 하지만, 실제 430~510mg 정도만 섭취하는 것으로 나타났습니다.[44] 그러므로 칼슘의 가장 중요한 급원인 우유를 권하지 않을 수가 없습니다.

우유 한 컵(200cc 기준)에 있는 칼슘은 약 200mg입니다. 이 정도의 칼슘을 먹으려면 치즈 2장, 브로콜리는 2컵, 시금치는 8컵 정도를 먹어야 합니다. 멸치도 좋은 칼슘 급원이지만 나트륨이 상당히 많이 들어 있습니다. 칼슘 흡수율이 우유는 40%, 멸치는 25%, 마른 콩은 20% 시금치는 4% 정도로 우유는 다른 칼슘군에 비해 체내 칼슘 흡수율이 월등히 좋습니다. 그렇기에 성장기 어린이에게는 다른 음식과 더불어 매일 2컵 정도의 우유를 먹이는 것이 필수입니다.

083

어떤 음식에 비타민D가 많은가요?

우리 몸에 필요한 비타민D의 90%는 햇볕을 통해 합성하며 10% 정도는 식이를 통해 섭취하게 됩니다. 많은 비타민 중에서도 키 성장에 가장 중요하며, 우리나라 어린이들에게 가장 부족한 것 중 한 가지가 바로 비타민D입니다.

저의 연구팀은 2012년, 우리나라 청소년 2,062명의 혈청 비타민D 농도를 분석했습니다. 그 결과, 비타민D의 평균 농도가 17.7ng/ml으로 정상범위인 30ng/ml보다 훨씬 낮았습니다. 20ng/ml 미만을 결핍증의 기준치로 볼 때 전체 청소년 가운데 78%가 비타민D 결핍이었고 11ng/ml 미만의 심각한 비타민D 결핍증을 보인 유병율이 13.4%로 나타났습니다.[45] 비타민D는 기름기 많은 생선과 육류의 간, 달걀, 치즈, 버섯류와 비타민D가 강화된 유제품, 시리얼 등에 풍부합니다. 그러나 음식으로 필요한 양의 섭취는 불가능하므로 연령별 하루 섭취 권장량을 계산해(10ug=400IU) 영양제로 복용합니다.

084

전문의가 추천하는 영양제, 추천하지 않는 영양제로 무엇이 있나요?

저의 연구팀이 국내 1~3세 유아를 대상으로 분석했을 때, 절반이 의사의 상담 없이 식이보충제를 복용하고 있었습니다.[46]
또한 저의 연구팀은 2021년에 만 1~18세 국내 4,380명을 대상으로 '식이보충제' 섭취 실태를 분석했습니다. '식이보충제'란 식사를 통해 섭취량이 부족한 비타민·미네랄·식물추출물·아미노산 등 인체에 유용한 기능성 원료나 성분을 가공한 식품을 뜻하는데, 5명 중 1명이 식이보충제를 섭취하고 있었고 프로바이오틱스, 종합비타민 등을 주로 보충하고 있었습니다.[47]

모유수유한 아이나 미숙아에서는 비타민D와 철분요구량이 증가하며, 비만 아동들은 비타민D 요구량이 증가하고, 급성장을 하는 청소년기에는 칼슘·철분·아연의 요구량이 증가합니다. 그러므로 이를 고려해 생애주기와 식생활 습관에 따라 꼭 필요한 경우에 한해 알맞은 식이보충제를 선택하고 무분별한 섭취는 주의해야 합니다.

전문의가 추천하는 영양제

강력히 추천하는 제품은 비타민D 혹은 비타민D가 포함된 종합비타민 정도입니다. 혈액 검사를 확인하고 비타민D 영양제를 주는 것이 제일 좋고 굳이 하지 않더라도 먹이는 것에 큰 무리는 없습니다. 그 외에 철분제나 아연제는 혈액 검사를 확인하고 부족할 때 먹이면 됩니다.

요즘 아이들은 대부분 편식하고 가공식품을 주로 먹고 과일이나 채소를 잘 먹지 않습니다. 그나마 과일과 채소를 먹는다 해도 식품 그 자체가 과거처럼 풍부한 미네랄 비타민이 함유되어 있지 않습니다. 특히 비만 때문에 칼로리를 줄이거나 운동선수라서 칼로리 조절을 하는 경우 종합비타민 영양제가 보조적으로 필요할 수 있습니다.

추천하지 않는 영양제

그다지 추천 않는 영양제는 함량이나 성분이 제대로 표시되지 않은 제품, 유명인이 과다하게 선전하는 제품, 인공감미료가 너무 많이 포함된 제품입니다.

유명 연예인이나 운동선수가 홍보하거나 자주 뉴스에 나온다고 신뢰가 가는 좋은 영양제라고 생각하면 오산입니다. 오히려 그만큼 섭외 및 홍보비가 더 들어 과다하게 값이 비쌀 수 있습니다. 특정추출물로 쥐 실험에서 성장인자가 증가되었다거나 아이들 소수에게 몇 개월 투여했더니 키가 1~2cm 더 컸다는 등의 논문을 발표하고 선전하지만,

실제적으로는 매우 염려되는 점이 많습니다. 성분함량 비율이 정확히 제시되어 있고, 큰 비타민 전문회사의 평범한 종합비타민 제품을 선택하는 것이 현명합니다. 어떤 성분이 포함되었는지, 성조숙증을 일으킬 수 있는 성분이 포함된 것은 아닌지 콩팥에 부담을 줄 수 있는 것은 아닌지 확인해야 합니다.

너무 맛이 없으면 사 놓고 안 먹게 되어 문제지만 인공감미료나 합성향료가 과하게 든 것은 좋지 않습니다. 인터넷에 키를 많이 크게 해준다는 성장 보조제들을 많이 선전하고 있는데 비타민과 미네랄을 기본으로 몇몇 생약 성분을 함유한 제품들이 주종을 이룹니다.

단백질도 음식으로 먹어야지 굳이 단백질 영양제로 먹는 것은 좋지 않습니다. 단백질은 키 성장에 매우 중요하지만 너무 많이 먹으면 황을 포함하는 아미노산이 대사되는 과정에서 칼슘 손실이 일어날 수 있고, 단백질 대사 산물인 요소를 처리하느라 어린아이는 신장(콩팥)에 부담이 갈 수 있습니다.

085

비타민D, 어떤 제품으로 어느 정도 먹일까요?

비타민D가 뼈 성장뿐 아니라 근육도 지켜주고 면역력 강화에도 필요하며 성장호르몬 분비에도 도움을 주기에 성장에 너무나 중요하다는 것이 알려져 있습니다.

혈중농도에서 비타민D 농도가 30ng/ml 이상을 유지하면 충분하고 적어도 20ng/ml 이상은 유지하는 것이 좋습니다. 그러나 일조권이 좋지 않고, 외부에서 햇볕을 쬐는 시간도 많지 않은 환경, 비타민D가 많은 기름 생선을 먹지 않고, 음식 속에 비타민D 강화 식품이 많지 않은 조건 때문에 우리나라 어린이들의 70~80%는 비타민D가 충분하지 않은 상황입니다. 오전 10시에서 오후 2시 사이에 20분 정도 나가서 햇볕을 쬐야 합니다. 그러나 쉽지 않은 일이죠. 햇빛과 음식 섭취만으로는 정상농도를 유지하기에 어려우므로 보충제가 필요합니다. 특히 모유에는 비타민D가 충분하지 않으므로 모유만 섭취하는 영유아는 비타민D 400IU 정도를 필수적으로 먹는 것이 좋다고 권장하고 있습니다.

적정량으로 비타민D 주기

생후 2주부터 1세까지는 400IU, 1세~취학 전 600IU, 초중고생 800~1000IU 정도로 주면 됩니다. 절대 하루에 4000IU를 넘지 않게 권고하고 있습니다. 그러나 최근 부모들이 영양제는 많이 먹일수록 좋다고 생각하고 아이들에게 임의적으로 하루에 5000단위 이상씩 매일 먹이는 경우가 있습니다. 결국 혈중 비타민D 농도가 100ng/ml 이상까지 매우 높아지고, 식욕 부진, 피로감, 변비를 겪다가 아이의 신장(콩팥)이 나빠진 경우를 드물지 않게 보게 됩니다.

최근 제 진료실로 온 어떤 아이는 젤리 타입의 비타민D가 너무 맛있어 하루에 혼자 약 1통을 다 먹고 부모가 뒤늦게 발견하여 급히 데려왔는데 비타민D 중독 수준으로 높았던 경우도 있습니다. 부족해도 과해도 안 되니 가능하면 한 번쯤 혈중 비타민D 농도를 측정해서 알맞은 용량을 처방받아 적절한 기간 동안 복용하는 것이 좋습니다. 또한 공복에는 흡수율이 낮아 가능한 식후에 복용하면 좋습니다.

적절한 방법으로 비타민D 주기

제형에 따른 효과의 차이는 크지 않으므로 알약을 먹을 수 없는 어린 연령에는 액상이나 젤리형, 알약을 먹을 수 있는 연령에서는 알약으로 복용하면 됩니다.

아이가 자주 안 챙겨 먹으니 주사제는 어떠냐고 물어보는 보호자도 많습니다. 주사제는 보통 10만~20만 단위 정도의 상당한 고용량을

3개월마다 맞는 것인데, 아이들은 고용량이 들어오면 신체에 부담을 느끼게 되므로, 비타민D 농도가 매우 낮고 경구로는 약을 복용할 수 없는 경우가 아니라면 주사제는 가능한 추천하지 않습니다.

086

뼈가 잘 자라도록 칼슘제를 먹일까요?

뼈 성장에 칼슘이 좋다는 것은 잘 알려져 있고 아이가 우유를 싫어하므로 칼슘제를 먹이는 경우가 많습니다. 칼슘이 뼈의 기본 성분이 되므로 부족하면 잘 자라지 않지만 필요 이상 많이 먹는다고 키가 더 많이 컸다는 연구 결과도 없습니다.

하루 권장 섭취량은 영유아는 600mg, 초등학생은 700~800mg, 중고등학생은 900mg 정도입니다. 부족할 때 음식으로 섭취하는 것은 아무 문제가 없으나 칼슘제로 먹일 때는 신중해야 합니다. 용량이 기준치를 넘어서는 안 되기 때문입니다. 유소아는 하루 500mg, 청소년은 1000mg을 넘지 않도록 하는 것이 좋습니다. 유당 불내증 때문에 우유로 칼슘을 섭취할 수 없는 경우에 칼슘제를 추천합니다. 그러나 반대로 칼슘제를 먹은 후 소화가 잘 되지 않거나 변비가 생기는 경우도 있습니다.

구연산 칼슘은 위산 분비가 덜 되더라도 소화 흡수가 비교적 잘되는 편입니다. 변비, 신장결석과 과도한 경우 혈관 벽에 칼슘이 침착될 수 있습니다. 가능하면 한 번에 다 먹는 것이 아니라 하루 2~3번 정도로 나누어 먹는 것이 좋습니다.

칼슘 흡수에 중요한 성분은 비타민D입니다. 칼슘을 아무리 먹어도 비타민D가 부족하면 칼슘이 흡수가 잘 되지 않기 때문에 비타민D와 함께 섭취하거나 비타민D가 부족하지 않은지 확인하는 것이 좋습니다. 한편, 칼슘을 많이 배출시키는 짠 음식이나 카페인이 많은 음식(커피, 콜라, 보이차 등)은 가능한 먹지 않아야 합니다.

087

어지럽다는데 철분제를 먹일까요?

어지럽다고 무작정 철분제를 먹이는 것보다는 빈혈인지, 저혈압인지, 평형기관의 문제인지 정확한 원인을 먼저 확인하는 것이 중요합니다.

빈혈은 산소와 영양소를 운반하는 헤모글로빈이 부족한 상태로 철결핍성 빈혈이 흔합니다. 철 함유 음식의 섭취 부족, 철의 위장관 내 흡수가 잘 안되거나, 왕성한 성장으로 철 요구량이 증가하는 원인이 있고 생후 6개월~3세, 11~17세, 생리 양이 많은 경우 잘 생깁니다.

철분이 부족하면 어지러움과 함께 식욕이 없고 자주 깨는 등 수면 장애가 있거나 예민하고 짜증이 많아집니다. 혈색소수치가 2~12세는 11.5g/dl, 12~18세 여자아이는 12g/dl, 남자아이는 13g/dl 미만이면 빈혈로 진단하며 철결핍성 빈혈이면 철분제를 수개월간 복용합니다. 완전 모유수유하는 아이들은 4개월부터 철분 영양제 섭취를 고려할 수 있으며, 초경 후 생리 양이 많은 여자아이들에서도 철분결핍은 없는지 고려할 수 있습니다. 철분은 오렌지주스 등 비타민C가 풍부한 식품과 함께 섭취하면 흡수율이 높아집니다.

088

식욕이 없는데 아연제를 먹일까요?

아연(Zinc, 징크)은 수많은 세포 내의 대사에 관여하는데, 효소 활성과 면역기능, 단백질 합성, 상처 회복, DNA 합성 그리고 세포분열에 주로 관여합니다. 아연은 성장에 너무나 중요한 영양소입니다. 아연이 결핍되면 식욕이 없고, 잘 자라지 않으며, 면역이 약해 감염도 잘됩니다. 잦은 설사, 상처 치유 지연, 습진, 미각 이상, 탈모 등이 나타날 수 있습니다.

아연이 많이 함유된 식품으로는 굴, 오징어, 조개, 붉은 육류와 가금류, 게, 견과류, 콩, 통곡물 등이 있습니다. 일반적으로는 음식 섭취만으로도 충분하지만 채식주의자나 항생제를 오래 복용한 경우, 장 흡수가 안 되는 경우에 결핍되기도 합니다. 혈액 검사를 해서 아연 농도가 부족하다면 아연제를 보충하는 게 좋습니다. 다만, 과량을 먹으면 남성호르몬이 활성화되는 부작용이 발생할 수 있으니 너무 장기간 과다 복용은 하지 않도록 합니다.

089

변비가 심해요.
유산균을 먹일까요?

우리 몸에는 100조 개에 이르는 다양한 장내 미생물이 있습니다. 장내 미생물 중에서 유익균은 30%, 유해균은 5~10% 정도를 차지합니다. 이 중 유익균을 프로바이오틱스라 하며 대표적인 프로바이오틱스가 유산균입니다. 프리바이오틱스는 유산균이 먹는 먹이를 말하며 식이섬유와 올리고당이 있습니다. 신바이오틱스는 프로바이오틱스(유산균)와 유산균의 먹이인 프리바이오틱스를 합해 놓은 것입니다.

장내 미생물은 면역체계를 강화하고 소화효소로 분해되지 않은 전분이나 다당류를 분해해 에너지 공급을 돕고 비타민, 엽산, 지방산 등 필수적인 영양소를 공급하며 콜레스테롤, 담즙, 약물의 대사에도 관여하며 나쁜 세균을 막아줍니다. 그런데 요즘 어린이들은 불규칙한 식습관과 첨가물, 고지방 음식 등을 많이 먹으므로 유해균이 더 많이 번식하는 장내 환경을 가지고 있습니다.

그런데 유산균을 반드시 보충해서 먹어야만 하는 것은 아닙니다. 유산균이 좋아하는 음식인 모유, 현미잡곡, 섬유소를 많이 먹으면 유산균도 잘 자랄 수 있습니다. 유산균이 건강에 좋다는 연구는 많지만 반드시 먹어야 하는 것은 아니므로 유산균이 좋아하는 잡곡이나 섬유소가 많은 음식을 먹는 것이 좋습니다. 장내 유해균이 좋아하는 음식인 포화지방이 많은 음식, 설탕이 많은 음식, 가공식품, 첨가당이 많은 음료를 적게 먹어야 합니다.

항생제 사용 후 생기는 설사, 과민성 대장염에 유산균이 도움이 된다는 결과가 있으나 다른 상황에서 의학적 근거는 부족하고, 살아 있는 세균이므로 안정성에 대한 연구가 부족한 게 현실입니다. 그러므로 미숙아나 면역기능이 약한 아이는 유산균을 섣불리 먹이지 않는 것이 좋습니다.

시중에는 너무 많은 유산균 제품이 있어 선택에 어려움을 겪는 사람이 많습니다. 유산균을 고를 때의 기준은 균주의 원료회사가 어디인지, 프리미엄 균주인 LGG(락토바실루스 GG)나 DDS-1가 포함되었는지, 보장균수가 몇 마리인지, 인공 첨가물은 어떤 것이 들어 있는지 등을 종합하여 결정합니다.

090

머리도 피부도 좋아지도록 오메가3를 먹일까요?

오메가3는 아이가 꼭 먹어야 할 영양제는 아닙니다. 오메가3는 체내에서 생성되지 않으므로 외부에서 섭취를 해야 하는데, 음식으로도 충분합니다.

오메가3는 알파 리놀렌산, DHA와 EPA로 구성되어 있으며 그중에서도 DHA와 EPA 함량이 중요합니다. DHA는 뇌신경 발달이나 망막 세포에 중요해서 부족하면 학습능력이 낮고, ADHD와 관련성이 있습니다. EPA는 혈액순환을 좋게 하며 중성 지방을 감소시키고 염증을 감소시킵니다.

만약 오메가3를 꼭 먹어야겠다면 좋은 회사의 원료를 사용했는지, 중금속 노출이 적은 중소형 어류(참치 등 대형 어류/정어리, 고등어 등 중형 어류/멸치 등 소형 어류)에서 추출했는지, 비린 맛이 적은지, 공기·빛·온도에 민감하므로 산패가 덜 되도록 낱개 포장되었는지를 확인하는 것이 좋습니다. 만 2세부터 복용은 가능하지만 너무 어릴 적부터 먹일 필요는 없습니다.

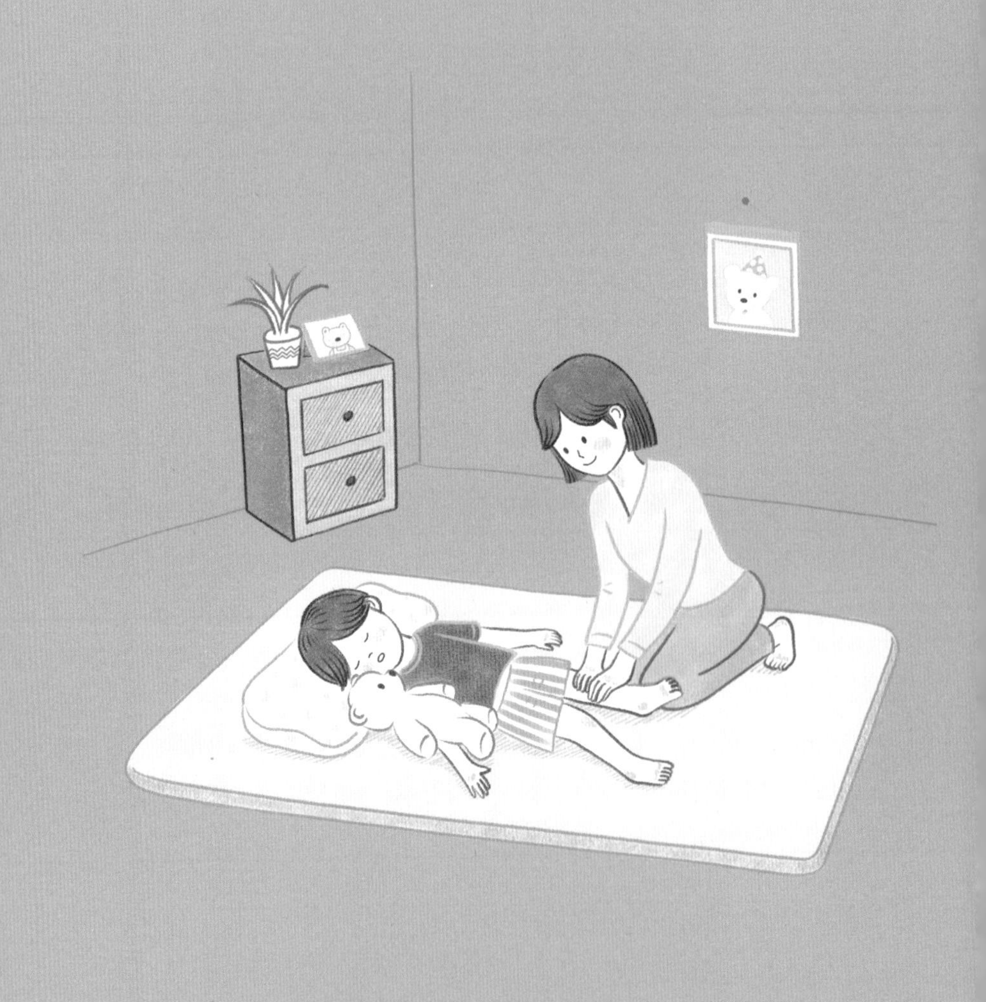

10장

생활 습관 관리로 (운동/수면/스트레스) 키 키우기

091

키를 잘 키우는 운동 종목이 따로 있나요?

특별히 키를 더 잘 키우는 운동이 있는 것은 아니기에 어떤 운동이든 하는 것이 중요합니다.

'잘 노는 아이가 잘 큰다'는 옛말처럼 아이들에게 운동은 생활 그 자체로, 운동의 중요성은 아무리 강조해도 지나치지 않습니다. 성장판은 물리적인 자극을 주면 훨씬 더 활발하게 성장하기 때문입니다.

뼈가 자라는 데는 칼슘보다도 운동과 신체 활동이 더 효과적이라는 연구 결과가 있습니다. 운동을 규칙적으로 하는 아이들은 운동을 하지 않는 아이들보다 키가 잘 크는데, 운동이 키가 자라는 데 도움을 주는 원리는 다음과 같습니다.

첫째, 성장호르몬은 약간 땀이 날 정도의 운동을 10분 이상 하면서부터 분비되며, 운동 강도가 숨이 찰 정도일 때 가장 많이 분비됩니다. 운동 중에는 물론 운동 후 60분까지 성장호르몬 분비는 증가하며 운동을 정기적으로 하면 그렇지 않은 사람들보다 성장호르몬이 많이 분비됩니다.

둘째, 운동을 하면 뼈에 물리적인 자극을 줍니다. 이 자극이 성장판의 세포분열과 혈액순환을 촉진하여 성장판 세포에 충분한 영양을 공급합니다.

셋째, 몸무게를 적절히 유지시켜 비만과 사춘기 조숙증을 예방합니다. 몸무게가 적게 나가는 아이는 운동을 하면 식욕이 증가되어 성장에 필요한 영양 섭취에 도움이 됩니다. 반면 비만인 아이는 꾸준히 운동을 하면 기초대사율이 증가하고 신진대사도 활발해져 몸무게를 조금씩 적절한 수준으로 줄일 수 있습니다.

넷째, 운동 후에는 잠을 푹 자게 되고, 숙면 중에 성장호르몬이 많이 분비되므로 성장호르몬 분비 촉진 효과를 가져옵니다.

다섯째, 성취감을 느끼고 긍정적인 마음이 됩니다. 어떤 운동이든 목표를 달성하고 나면 성취감을 느끼고 자신감이 생기며, 기분이 좋으면 엔도르핀과 성장호르몬이 더 잘 분비됩니다.

092

언제, 얼마나 운동을 해야 하나요?

아침 운동? 저녁 운동?

아침 운동은 맑은 공기를 쐬는 장점과 하루를 행복하게 시작하고 체지방 감소에 효율적이지만 등교 전에 쫓기듯 하지는 않아야 합니다. 점심시간에 햇볕을 받으며 거닐거나 친구들과 구기운동을 한다면 비타민D도 생성되며 교우관계도 더할 나위 없이 좋아집니다.

대부분 하교 후 저녁 운동을 하게 되며, 잠자기 바로 직전에 하는 운동은 교감신경 활성화로 숙면에 방해될 수 있어 취침 1~2시간 이전에 하는 것이 좋습니다.

우리나라 소아의 신체 활동 가이드라인은 하루 30~60분 정도로 주3~5회, 가능하면 매일 중강도 이상으로 유산소 운동과 저항성 운동을 섞어 하는 것이 좋습니다.

유산소 운동에는 달리기, 자전거 타기, 줄넘기, 댄싱, 축구, 농구 등이 있으며, 저항성 운동에는 철봉 턱걸이, 매달리기, 윗몸 일으키기, 팔 굽혀 펴기, 기구를 이용한 운동 등이 있습니다.

아이에게 맞는 운동 찾기

내 아이에 맞는 운동이란, 가장 먼저 아이가 재미있어 해야 하고, 연령에 맞는 운동 종목이어야 합니다. 그렇기 때문에 아이에게 하고 싶은 운동의 선택권을 주는 것이 좋습니다.

줄넘기는 시간 장소에 구애를 덜 받아 좋지만 아이가 재미없어 하는 문제점이 있습니다. 여건이 허락한다면 배드민턴도 매우 좋은 운동입니다. 시간과 장소의 제약이 적고 특히 부모와 함께한다면 정서적 교류에도 매우 좋은 운동입니다. 찾아보면 좋은 실내운동 동영상이 많습니다. 캉캉춤같이 뛰는 동작이 좋고, 오래전 유행했던 고무줄놀이도 아이가 재미있게 뛸 수 있어 좋습니다.

태권도, 검도 등 사실 모든 운동이 다 좋습니다. 단, 환기가 안 되는 밀폐된 공간에서 하는 운동은 피하는 게 좋습니다.

한편, 잘 안 먹는 아이는 너무 과도한 운동을 하지 않도록 주의해야 합니다. 칼로리 섭취보다 운동을 너무 많이 해서 에너지 소모가 너무 많아도 잘 자라지 못하기 때문입니다.

093

특별히 조심해야 할 운동이 있나요?

근육 운동하면 키가 안 큰다?

유산소 운동과 더불어 일주일에 3회 정도의 근력 운동은 키 성장에 매우 도움이 됩니다. 헬스를 하면 무거운 기구에 성장판이 눌려 키가 안 큰다는 말이 있으나, 헬스는 키 성장에 나쁜 것이 아니며 잘못된 자세나 과도한 무게로 운동하지만 않으면 됩니다.

또, 운동선수들을 보았을 때 역도선수는 키가 작고 농구선수는 키가 크니 근력 운동을 조심해야 한다는 말이 있습니다. 역도를 해서 키가 크지 않은 게 아니라 키 작은 사람이 역도에 유리하며 농구를 해서 키가 많이 큰 게 아니라 키 큰 사람이 농구에 유리하기 때문입니다.

아이가 뛰기에 좋은 트램펄린

뛰는 것이 성장판을 자극하여 키 성장에 좋다는 것은 알려져 있지만 막상 나가서 줄넘기를 하거나 그냥 뛰는 것은 쉽지 않습니다. 그런데 트램펄린을 사용하면 아이들이 매우 신나게, 지치지 않고, 누가 더 높이 뛰는지 내기라도 하듯 계속 뛰어놉니다.

그런 아이들을 부모는 흐뭇해하며 트램펄린이 설치된 키즈카페를 방문하기도 하고, 집에서도 형제들이 함께 뛰어놀 수 있도록 가정용 트램펄린을 사기도 합니다. 시중에는 유아 트램펄린, 방방이라는 이름으로 많은 제품이 판매되고 있습니다.

트램펄린의 위험성

그러나 여러 명이 한 트램펄린 위에서 동시에 뛰는 것은 매우 위험합니다. 몸무게가 많이 나가는 아이와 적게 나가는 아이가 같이 뛰면 몸무게가 적게 나가는 아이가 다리를 다칠 위험이 아주 높습니다. 6세 미만의 아이는 트램펄린으로 다리가 접질리거나 넘어지면서 뼈가 골절되는 경우가 많아 조심해야 합니다.

094

키 키우는 체조가 있나요?

체조 한 가지로 키를 특별히 많이 키울 수 없습니다. 체조는 본운동을 하기 전후로 근육을 풀어주는 역할을 합니다. 실내 체조는 야외 활동과 달리 시간이나 날씨에 구애받지 않고 규칙적으로 할 수 있으니 좋습니다.

특히 비만인 아이는 단체 운동을 하기 어려우므로 실내에서 체조를 규칙적으로 하면서 체중을 감량하면 나중에 키도 크게 됩니다. 식사도 편식하지 않아야 하듯 운동도 한 종목에 치중하지 말고 체조와 유산소 운동과 저항성 운동을 더불어 골고루 함께하는 것이 제일 좋습니다. 특히 코로나19 팬데믹으로 '집콕 시대'에 방송이나 유튜브에 아이가 할 수 있는 좋은 체조 영상이 많으니 아이와 함께 온 가족이 하면 더할 나위 없이 좋습니다.

095

자세가 나빠서 키가 크지 않는 걸까요?

자세가 나빠서 키가 크지 않았다기보다는 올바른 자세로 숨은 키를 찾는다는 것이 더 적절한 표현입니다. 스트레칭이나 자세 교정을 하면 키가 2cm쯤 늘어날 수 있습니다. 이는 실제로 뼈가 자란 것이 아니라 척추에 숨은 키를 찾아내는 것이지요.

척추는 등 뒤에서 보면 일직선으로 뻗어 있지만, 옆에서 보면 'S' 자 형태의 곡선을 이루고 있습니다. 따라서 체중을 지탱하거나 외부에서 힘을 받을 때 곡선 형태인 구불구불한 척추를 따라 힘을 전달하므로 직선으로 곧장 전달할 때보다 힘이 천천히 전달되면서 충격을 완화하도록 되어 있습니다. 이 척추 곡선이 나쁜 자세로 인해 흐트러지면 척추가 압력을 견디는 힘이 약해지며 척추 뼈마디 사이에 있는 디스크가 짓눌려 키가 줄어들게 됩니다.

그래서 평소에도 키 크는 데 도움이 되는 자세를 갖도록 해야 합니다. 버스나 지하철에서 서 있을 때, 책상 의자에 앉아 공부나 컴퓨터를 할 때, TV를 볼 때 등 무엇을 하든 간에 아이들은 아무 의식 없이 나쁜 자세가 습관화되기 쉽습니다. 자세는 뼈와 근육이 올바른 위치에 있게 하는 데 아주 중요하므로 어릴 때부터 좋은 자세 습관을 갖도록 해주면 키가 자라는 데 도움이 될 뿐만 아니라 이후 각종 생활 습관으로 인한 질병을 예방하는 데도 큰 도움이 됩니다.

책상이 너무 낮아 등이 굽지 않도록 하는 게 좋습니다. 아이 체형에 맞지 않는 의자는 자세를 구부정하게 만드는 원인이 됩니다. 의자는 성장에 맞춰 높낮이 조절이 가능하고 등받이는 10도 정도 뒤로 젖혀지는 것이 좋습니다. 의자에 앉을 때 허리를 등받이에 붙이고 무릎은 90도로 바르게 앉는 연습을 시킵니다.

한편, 아이가 안정적으로 몸을 유지하고 움직이며 버티고 있는 힘을 길러 내부 코어근육을 키워주면 자세에 좋습니다.

096

많이 잘수록 키도 많이 클까요? 수면이 왜 그리 중요할까요?

아이는 자면서 키가 큰다고들 합니다. 그런데 요즈음 아이들은 늦게까지 공부에 숙제에 수면 시간이 부족해 부모님들의 걱정이 많습니다.

성장호르몬은 24시간 동안 파동 치듯이 분비되는데 특히 잠들고 1시간 이후부터 많이 분비됩니다. 밤 10시에서 새벽 2시 사이, 깊은 잠을 잘 때 더욱 많이 분비됩니다. 그러나 반드시 수면 시간이 길수록 성장호르몬이 많이 분비되어 키가 큰다고는 할 수 없으며 수면의 질이 중요합니다.

잠을 잘 자야 하는 이유

첫째, 얕은 잠과 깊은 잠이 반복되는데 특히 깊은 잠을 잘 때 성장호르몬이 더 많이 분비됩니다.

둘째, 잠을 잘 자야 집중력도 좋고 학업 성적이 오릅니다. 자면서 뇌 성장이 일어나고 낮 동안에 배웠던 지식을 불필요한 것을 버리고 기억저장소에 저장시키게 됩니다.

셋째, 잠을 잘 자야 낮 동안에 소모된 에너지를 충전시키고 손상된 신체를 회복시키고 피부 재생도 촉진합니다. 한편, 불안하고 불쾌한 감정들을 정화시켜 아침에 상쾌한 기분을 갖도록 해주는 감정조절 기능도 가지고 있습니다. 잘 자는 아이가 정서적으로 매우 안정됩니다.

097

몇 시에, 몇 시간 자야 좋을까요?

반드시 10시 전에 자야 키가 큰다는 것은 아닙니다. 그러나 최소한 초등학생은 9시간, 중고등학생은 8시간, 성인은 7시간 정도는 자는 것이 좋습니다. 학령기 전에는 밤 9시 전에, 초등학생은 10시 전에는 자는 것이 좋고, 중고등학생이라도 밤 11에는 잠에 들어서 아침 7시 전에 깨면 좋습니다.

몇 시간 이상 자는 것에 비례해서 키가 몇 cm 더 큰다고 할 수는 없으나, 어린이가 8~9시간을 자지 않으면 비만의 위험이 증가합니다.

일반적으로 사람의 수면 주기상, 반드시 몇 시에 자야 하는 것은 아니며 비슷한 시간에 잠들고 비슷한 시간에 깨는 규칙성이 중요합니다.

신생아	1세	2~3세	유치원~초등학교	청소년	성인
15~16시간	12~14시간	11~13시간	9~10시간	8~9시간	7~8시간 (평균 7시간 30분)

연령별 권장 수면 시간

098

수면에 문제가 있는 것은 아닐까요?

생각처럼 푹 잘 자고 잘 커주면 좋으련만, 아이의 수면 습관에 문제가 있는 것은 아닌지 걱정이 될 수 있습니다. 아래 체크리스트로 아이의 수면 습관을 확인하면 좋습니다.

1. 만 5세 이후에도 낮잠을 잔다

밤잠이 모자라거나, 잠의 질이 나쁘거나 수면에 문제가 있다는 것을 알려주는 지표입니다.

2. 자면서 코를 골거나 숨을 잘 못 쉬고 수면 호흡장애가 있다

혀뿌리 뒤에 있는 편도나 코 뒤에 있는 아데노이드가 커서 기도를 막는 경우가 많아 반드시 확인을 해야 합니다. 임파선 조직인 편도나 아데노이드는 7세경 가장 크고 10세 이후에 자연적으로 줄어듭니다. 의심할 수 있는 증상은 평소에 입을 벌리고 있거나 코가 막히고, 밤에 땀을 심하게 흘린다거나 고개를 젖히고 엎드리고 잔다거나 앉아서 잔다거나, 거친 호흡을 한다거나 낮에 유난히 졸리는 증상이 있습니다. 수면 중 기도가 반복적으로 폐쇄돼 혈중 산소 포화도가 떨어지며 성장 장애로 연결될 수 있습니다. 실제 비대해진 아데노이드나 편도수술을 한 후 잠도 잘 자고 키도 잘 자란 경우를 많이 경험합니다. 물론 심한 비만으로 수면 호흡장애가 있는 경우도 많으니 체중을 조절해야 합니다.

3. 악몽을 자주 꾼다

새벽녘 REM(얕은) 수면기에 꿈을 꾸다가 무서운 꿈으로 인해 짧게 자고 일어나며, 잠에서 깨서 그 꿈을 생생하게 기억합니다. 낮에 무서운 책이나 영상을 보지 않도록 해야 합니다.

4. 잠을 자다가 깨서 돌아다닌다

뇌가 완전히 깨어 있는 경우를 각성이라고 하는데 깊이 자는 도중에 소리나 빛 등의 자극에 의해 약간의 각성상태가 되어 움직이는 경우가 몽유병이나 야경증입니다. 잠든 후 한두 시간 후에 비REM(깊은) 수면 도중에 뇌의 일부분이 깨는 것입니다. 전두엽의 각성영역은 자는데 감정영역은 깨서 울거나 식은땀을 흘리거나 일부 운동영역은 깨서 돌아다닐 수 있습니다.

방에서 자다 거실에 나와 다니다 소파에 자는 등 가벼운 상황부터 베란다 문을 열기도 하는 위험한 상황도 있습니다. 몽유병이나 야경증은 꿈과는 무관하며 깨서 전혀 기억을 못합니다. 유전적으로도 역치가 낮은 경우가 있고, 심한 운동을 하거나 매우 피곤한 상태, 하지불안증후군, 여행, 발열, 조명 등 외부 자극에 의해 깊은 잠을 자다가 이런 현상이 나타날 수 있습니다. 어릴 때 나타나는 야경증이나 몽유병은 대부분 소실되나 고등학생 이후 나타나면 반드시 신경과 검사가 필요합니다.

좋은 잠의 기준

자려고 잠자리에 누웠을 때 20분 안에 잠이 들고, 아침에 상쾌하게 깨어 하루 종일 졸리지 않은 상태를 유지하면 '좋은 잠'을 잤다고 합니다. 쉽게 잠을 이루지 못해 잠이 들기까지 30분 이상이 걸린다거나, 하룻밤에 자다 깨는 일이 5번 이상이거나, 이른 새벽에 잠이 깨어 다시 잠을 이루지 못하는 것이 일주일에 2~3회 이상인 경우, 자도 잔 것 같지 않고 숙면을 취하지 못한다면 불면증을 우려해봐야 합니다.

099

건강한 수면 습관을 위한 원칙이 있을까요?

코로나19 팬데믹 시대에 아이들의 생활 패턴이 뒤죽박죽이 되었습니다. 특히 요즘 늦게 자고 늦게 먹고 아침에도 불규칙적으로 늦게 일어나면서 수면 습관이 엉망진창이 되었습니다.

건강한 수면 습관을 위해 아래의 7가지 원칙을 고려해주세요.

1. 자고 깨는 시간이 일정해야 한다

뇌 속의 생체시계가 잘 작동해 질 좋은 잠을 자게 됩니다.

2. 어둡고 조용한 취침 환경을 만들어야 한다

가족이 일괄적으로 취침 등을 끄는 수면 시간을 정하면 좋습니다. 주말이나 휴일이라도 평소보다 1시간 이상은 자지 않아야 합니다. 몰아서 잔다는 것은 평소에 잠이 부족하다는 증거입니다.

3. 자기 전 1시간 전에는 TV 시청이나 스마트폰을 멀리 치운다

스마트폰을 보기 시작하면 밤새 한없이 보게 됩니다. 빛이 눈을 통해 들어오면 뇌가 밤과 낮을 인지합니다. 밤에 밝은 빛의 스마트폰을 보면 스마트폰에서 나오는 블루라이트가 뇌의 멜라토닌 분비를 방해하여 깊은 잠을 방해합니다. 흥미진진한 내용을 보면서 뇌는 점점 각성상태가 되어 질 좋은 깊은 수면을 취하는 데 방해가 됩니다.

4. 아이에 맞는 적절한 온도와 습도를 유지한다

나이가 들수록 따뜻해야 잠을 잘 자지만 아이들은 대사율이 높아 너무 더운 것보다 선선한 정도(18~22도)로 온도를 낮추면 더 잘 잠이 듭니다.

5. 자기 전에 배가 고파도, 불러도 안 된다

특히 취침 1시간 전에는 과식을 피해야 합니다.

6. 영유아의 경우에는 수면의식 교육을 한다

태어나서 최초로 받아야 하는 것이 수면 습관 교육입니다. 영유아 시기에 수면 습관을 잘 들여야 하는데, 아이가 자다가 깨서 운다고 그때마다 안고 재우거나 뭘 먹이거나 하는 것은 좋지 않습니다. 1시간 30분 간격의 수면 사이클에 따라 자다가 깰 수 있으니 그대로 두면 그대로 자게 됩니다. 목욕하고, 가볍고 부드러운 잠옷을 입히고, 책을 읽어주고, 잘 자라고 인사하고 불을 끄는 '수면의식' 과정을 매일 반복하면 아이들이 커서도 스스로 잠자리에 잘 들게 됩니다.

7. 낮에 햇살 아래에서 운동을 한다

밤에 잠을 자기 전 우리 몸에서 멜라토닌이라는 호르몬이 충분히 분비되면서 졸음을 느끼고 잠을 자게 됩니다. 아침이나 낮에 충분히 야외 활동을 하면 햇볕에 노출되면서 몸속의 세로토닌이 증가하고, 이는 저녁 시간에 멜라토닌으로 변환되어 밤에 잠을 잘 자게 도와줍니다.

100

스트레스, 어떻게 줄여줄 수 있을까요?

아이들은 무엇 때문에 가장 스트레스를 받을까요? 공부나 외모보다 또래나 가족 간의 갈등으로 인한 대인관계 때문에 스트레스를 많이 받습니다. 특히 부모로부터 받는 스트레스가 가장 크다고 아이들은 이야기합니다. 잔소리를 들으며 쪼그라드는 아이들이 많습니다. 영양 가득한 밥상을 차려놓아도, 값비싼 성장호르몬 주사를 맞아도 스트레스가 심하면 식욕도 없고, 먹어도 소화 흡수가 되지 않고, 숙면도 못 취하면서 몸과 마음이 쑥쑥 성장할 수가 없습니다.

화 안 내는 우아한 부모가 되고 싶지만, 자녀는 내 뜻대로 안 되는 존재입니다.

"도대체 누굴 닮았을까?" "이렇게도 말을 안 들을 수 있을까?" "날 괴롭히려 태어난 걸까?" "야단치지 않으면 버릇없어지는데…."

필요할 때 훈육은 해야 하지만 아이의 뇌 발달을 이해하고, 평정심을 갖고 표현의 방식을 조금 달리한다면 아이와 행복한 관계를 유지하고 아이에게도 스트레스를 줄여줄 수 있습니다.

첫째, 비교를 할 때는 타인이 아닌 과거의 모습과 비교하기

내 아이를 친구와 비교하지 말고, 내 아이의 어제와 오늘을 비교해 조금이라도 좋아진 점을 찾아 칭찬해주어야 합니다. 부모의 과도한 욕심을 내려놓고 내 아이 능력의 한계를 인정해야 합니다. 마음의 속도와 몸의 속도는 시차가 있고 아이의 변화는 서서히 오는 것이니 다그치지 말고 기다려주어야 합니다. 아이도 하고 싶지만 잘되지 않고, 부모의 기대에 부응하지 못한 자신 때문에 내면적 스트레스를 많이 받습니다.

둘째, 하루 30분은 아이 말을 경청하고 공감하기

하루 종일 엄마가 곁에 있다고 아이가 더 행복한 것도 아니고, 엄마가 직장을 다닌다고 해서 아이의 감정이 건조하거나 정서가 결핍되는 것도 아닙니다. 어릴 적부터 하루 30분만이라도 아이에게 낮에 있었던 일, 힘들었던 일을 집중해서 듣고 공감해주어야 합니다. 아이의 뇌 발달은 0~3세, 그리고 사춘기 때 폭풍 변화가 있는데 이때 애착 형성이 특히 중요합니다.

부모는 아이가 사춘기가 되면 급변하는 신체 변화를 눈치채고 성조숙증을 우려하며 성장클리닉을 내원합니다. 이때 부모는 아이의 몸속에서 급변하는 뇌의 변화를 이해하는 마음의 준비 또한 해야 하는 시기입니다.

성호르몬이 공포, 불안, 분노를 조절하는 편도핵을 자극해 감정적 기분 변화들이 생깁니다. 전두엽에서는 신경 줄기들이 신경 가지치기를 하면서 필요 없는 것을 잘라내고 필요한 신경들은 강화합니다. 이 시기에 일시적으로 뇌의 혼란이 생기기 마련입니다. 전두엽이 일시적으로 취약해지는 사춘기 시기에 온순했던 아이가 공격적인 모습을 보이고 대화를 단절할 수도 있지만 이때 비난하고 강압으로 훈육하려고 하지 말고 최대한 공감하고 존중해줘야 합니다.

"싫어. 됐거든요"라고 대답하는 자녀를 불손하게만 생각할 것이 아니라 사춘기의 뇌의 변화의 과정이며 자기를 표현하는 능력일 수도 있다는 것을 인정해야 합니다.

"엄마는 직장에서 이런 힘든 일이 있었어." "이런 일 때문에 결정을 해야 하는데 어떻게 하면 좋을까?" 아이들에게 의견을 구하면 논리적인 표현과 토론의 능력이 길러질 뿐 아니라 독립된 개체로서 인정받고 배려받는 소중한 존재라는 것을 의식하게 됩니다. 엄마가 진정한 대화가 아닌 체크리스트 같은 말만 하니 아이가 점점 멀어지는 것입니다.

"하나, 둘, 셋. 행동 개시!" 재촉하고 강요하는 것은 오래가지 못합니다. "그러네. 네 마음이 이해된다. 화낸 것도 엄마가 걱정돼서 그랬어. 미안하다. 너는 이 문제를 어떻게 해결하면 좋겠니?" 아이의 마음은

협박도 매도 아닌 느낌의 상태로 소통하는 것입니다. 사춘기 자녀일수록 사생활을 인정하고, 소통해야 합니다.

셋째, 하루 30분은 아이가 좋아하는 것을 할 수 있게 내버려두기

일과가 마무리된 저녁에는 핸드폰을 하든, 게임을 하든, 운동을 하든, 어떤 책을 읽든, 멍하게 있든 스트레스를 풀 수 있는 시간을 주어야 합니다. 아이들도 바쁜 삶이 있었다면 잠깐은 느긋한 삶이 있어야 합니다. 곁에서 너무 많은 통제를 하면, 갈등이 생기고 정서적으로 불안정해지면서 점점 자기주도가 되지 않는 악순환이 될 수 있습니다. 어느 정도의 경계만 만들어주며 한발 물러선 위치에서 신뢰하며 지켜볼 때 스트레스의 격동기는 원만하게 지나갈 수 있습니다.

소아전문의가 전하는 성장 핵심 조언 10

01 기록으로 성장 패턴을 확인하자

1. 적어도 1년에 2회 이상 아이의 성장을 기록하면서 성장 패턴을 확인할 것
2. 아이가 작다고 생각하면 성장곡선을 보되 아이의 키가 3백분위 이하거나 점차 하향하고 있다면 성장클리닉을 방문할 것

02 성장 시기를 놓치지 말자

1. 뼈 나이와 실제 나이를 비교해서 빠른 성장인지 늦자랄지 확인할 것
2. 성장판을 빨리 닫히게 하는 비만과 성조숙증을 조심할 것

03 잘 먹는 것보다 골고루 먹게 하자

1. 후천적인 노력으로 키우는 데 가장 중요한 것은 영양 관리임을 명심할 것
2. 환경호르몬에 노출되지 않도록 주의할 것

04 영양 상태의 허점을 확인하자

1. 주중에 부족한 영양은 주말이라도 보충하거나 영양제로 채울 것
2. 비타민, 미네랄 영양제는 성분과 함량과 첨가제를 확인할 것

05 수면은 양보다 질을 생각하자

❶ 연령별 수면 권장 시간은 자게 할 것

❷ 규칙적 취침 시간을 지키고, 주말이라도 1시간 이상 더 자지 않도록 할 것

06 비만은 No, 표준 체중을 유지하자

❶ 키에 맞는 체중을 확인하고, 집에 체중계 비치해서 확인할 것

❷ 허리둘레는 키의 절반 이하로 유지할 것

07 종목 고민은 그만, 무조건 하루 30분 운동을 시키자

❶ 성장과 비만을 단번에 해결하는 것은 운동! 30분은 운동을 시킬 것

❷ 아이가 좋아하는 운동으로, 가능한 부모도 함께할 것

08 스트레스 줄여주고 내면의 성장도 관리하자

❶ 스트레스호르몬은 성장을 방해한다는 사실을 명심할 것

❷ 시기를 놓쳤다면 크게 키우겠다는 과욕을 버리고, 키 대신 자존감을 키워줄 것

09 사춘기 시작을 확인하자

❶ 사춘기는 폭풍 성장기. 키가 작은 아이는 이때 만회를 노릴 것

❷ 성조숙증이 문제지만, 사춘기를 무조건 늦추려고 하지 말 것

10 노력 없이 단번에 크고 건강해지는 비법은 없다는 걸 명심하자

❶ 화려한 광고에 현혹되어 불필요한 관리는 애꿎은 아이만 괴롭히는 것

❷ 몸 성장과 마음 성장은 꾸준한 노력이 뒷받침되어야 함을 기억할 것

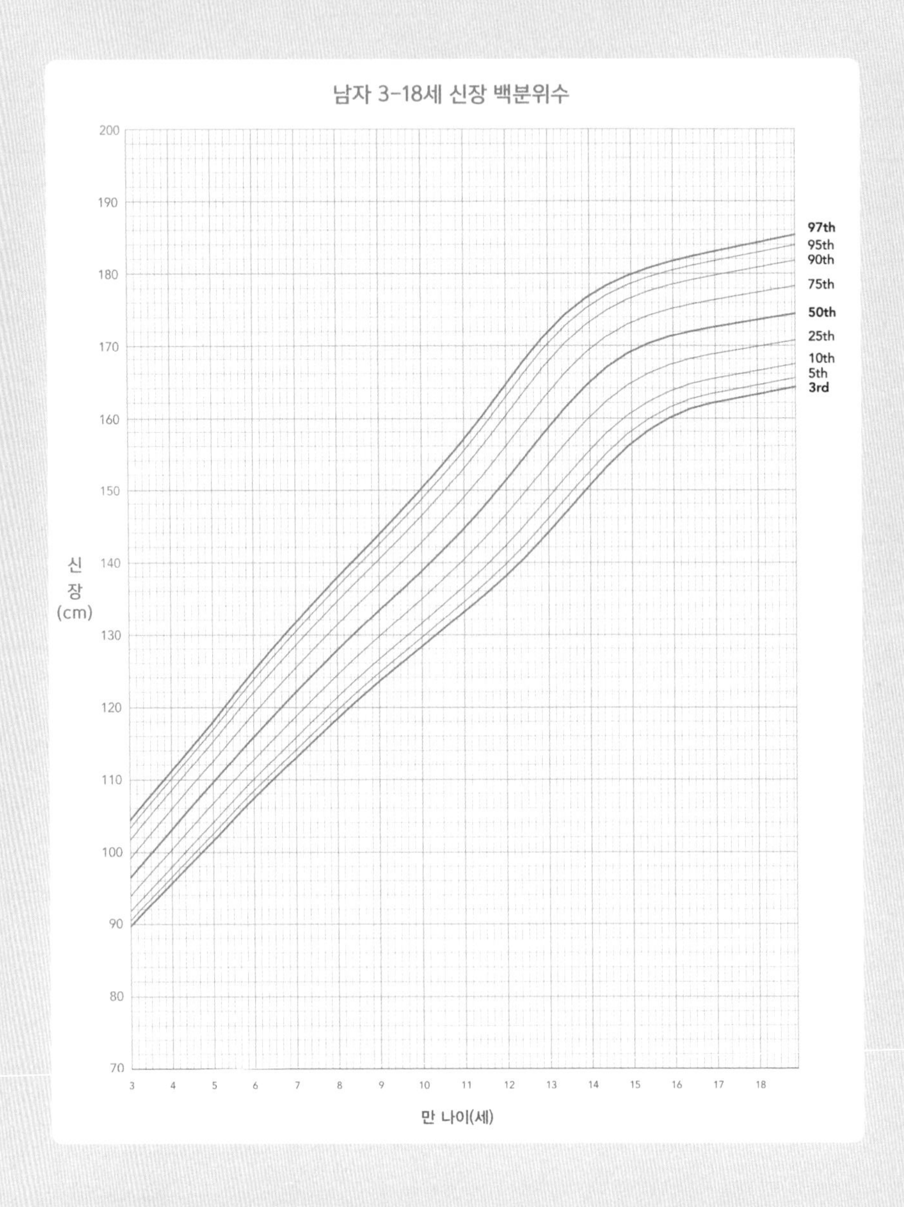
남자 3-18세 신장 백분위수
200
190
180
170
160
150
140
130
120
110
100
90
80
70
신장 (cm)
3 4 5 6 7 8 9 10 11 12 13 14 15 16 17 18
만 나이(세)
97th
95th
90th
75th
50th
25th
10th
5th
3rd

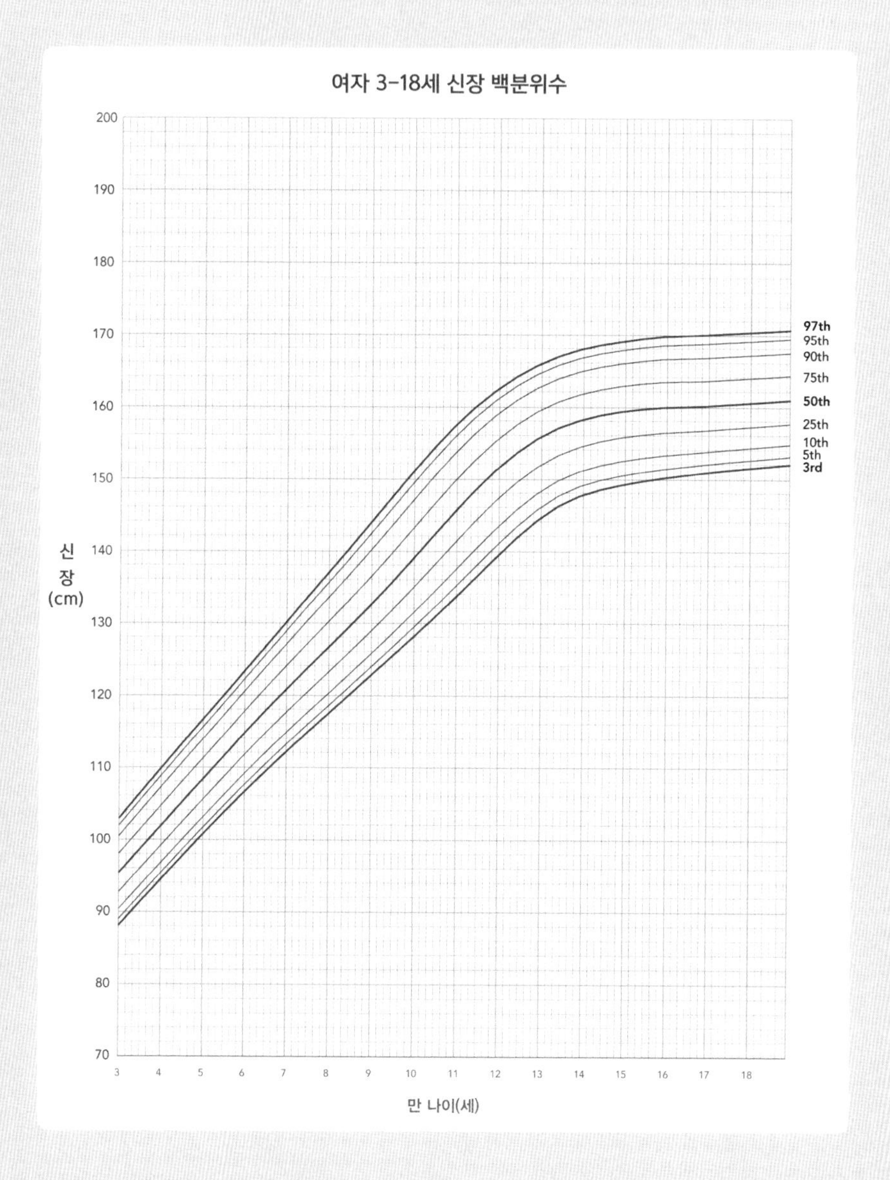
여자 3-18세 신장 백분위수
200
190
180
170
160
150
140
130
120
110
100
90
80
70
신
장
(cm)
3
4
5
6
7
8
9
10
11
12
13
14
15
16
17
18
만 나이(세)
97th
95th
90th
75th
50th
25th
10th
5th
3rd

참고문헌

1 Kang S, Lee SW, Cha HR, Kim SH, Han MY, Park MJ. Growth in Exclusively Breastfed and Non-exclusively Breastfed Children: Comparisons with WHO Child Growth Standards and Korean National Growth Charts. J Korean Med Sci 6;36:e315, 2021.

2 Seo MY, Kim SH, Park MJ. Changes in anthropometric indices among Korean school students based on the 2010 and 2018 Korea School Health Examination Surveys. Ann Pediatr Endocrinol Metab 26:38-45, 2021.

3 박미정, 정철영, 김덕희. 성인 최종 신장치에 영향을 미치는 요인. 대한소아내분비학회지 2:10-15, 1997.

4 Park MJ, Kang YJ, Kim DH. Dissatisfaction with height and weight, and attempts at height gain and weight control in Korean school-children. J Ped Endocrinol Metab 16:545-554, 2003.

5 Kim BS, Park MJ. The influence of weight and height status on elementary school children's psychological problems through CBCL analysis. Yonsei Medical Journal 50;340~344, 2009.

6 Kang S, Lee SW, Cha HR, Kim SH, Han MY, Park MJ. Growth in Exclusively Breastfed and Non-exclusively Breastfed Children: Comparisons with WHO Child Growth Standards and Korean National Growth Charts. 앞의 논문.

7 김혜진, 정경미, 박미정, 최연호. 섭취 문제가 있는 영유아 아동에 대한 부모설문조사. 대한소아소화기영양학회지 11:179-186, 2008.

8 Choi MG, Park MJ, Kim SH. Reference values of lead in blood and related factors among Korean adolescents: the Korean National Health and Nutrition Examination Survey 2010-2013. Korean J Pediatr 59:114-9, 2016.

9 Seo MY, Kim SH, Park MJ. Air pollution and childhood obesity. Clin Exp Pediatr 63:382-388, 2020.

10 권지원, 김병의, 김상우, 박미정. 서울 북부지역에 거주하는 정상 아동의 모발 미네랄 함량. 소아과 49 18-23, 2006.

11 허경, 박미정. 대학병원 성장클리닉을 내원한 아동에서 설문 조사를 통한 키성장 관리 실태분석. 소아과 52 576~580, 2009.

12 Choi HS, Park JH, Kim SH, Shin S, Park MJ. Strong familial association of bone mineral density between parents and offspring: KNHANES 2008-2011. Osteoporos Int 28:955-964, 2017.

13 박미정, 김호성, 김덕희. 왜소증 환아에서 24시간 성장호르몬농도와 약물유발검사에 의한 성장호르몬 반응의 비교. 소아과 38:835-842, 1995.

14 김덕희,박미정,김영래,정소정,김호성. 특발성 저신장증에서 성장호르몬 치료효과. 대한소아내분비학회지 1:29-38, 1996.

15 박미정, 신의진, 신혜정, 김덕희. 성장호르몬 결핍성 저신장증 아동의 정신사회적 적응. 대한 소아내분비학회지 5:83-91, 2000.

16 Kim SH, Park MJ. Effects of growth hormone on glucose metabolism and insulin resistance in human. Ann Pediatr Endocrinol Metab 22:145-152, 2017.

17 박미정, 이인숙, 신은경, 정효지, 조성일. 한국 청소년의 성성숙시기 및 장기간의 초경연령 추세분석. 소아과 49:610-616, 2006.

18Seo MY, Kim SH, Juul A, Park MJ. Trend of Menarcheal Age among Korean Girls. J Korean Med Sci 21;35:e406, 2020.

19 Kim SH, Park MJ. Childhood obesity and pubertal development. Pediatr Gastroenterol Hepatol Nutr 15:151-9, 2012.

20 김신혜. 박미정. 내분비계장애물질과 사춘기 발달. Endocrinol Metab 27:20-37, 2012.

21 Kim SH, Park MJ. Effects of phytoestrogen on sexual development. Korean J Pediatr 55:265- 271, 2012.

22 Kim J, Kim SH, Huh K, Kim Y, Joung H, Park MJ. High serum isoflavone concentrations are associated with the risk of precocious puberty in Korean girls. Clin Endocrinol 75,831-835, 2011.

23 박미정. 사춘기 조숙증의 원인 및 치료의 최신지견. 소아과 49(7);718-725, 2006.

24 Lee MH, Kim SH, Oh M, Lee KW, Park MJ. Age at menarche in Korean adolescents: trends and influencing factors. Reprod Health 23;13:121, 2016.

25 김태형, 고희정, 김승, 이선우, 채현욱, 김유석, 박미정, 정소정, 유은경, 김덕희, 김호성. 성조숙증 아동의 임상 및 내분비 검사의 특징. 소아내분비학회지 12:119-126, 2007.

26 Chung KM, Shin SH, Lee SA, Kim SH, Park MJ. Psychological characteristics of girls with precocious puberty. The Korean Journal of Health psychology 17:461-477, 2012.

27 Kim SH, Huh K, Won S, Lee KW, Park MJ. A Significant Increase in the Incidence of Central Precocious Puberty among Korean Girls from 2004 to 2010. PLoS One 5;10, 2015.

28 Kang SY, Seo MY, Kim SH, Park MJ. Changes in lifestyle and obesity during the COVID-19 pandemic in Korean adolescents: Based on the the Korea Youth Risk Behavior Survey 2019 and 2020. Ann Pediatr Endocrinol Metab, 2022(In press).

29 Chung IH, Park S, Park MJ, Yoo EG. Waist-to-Height Ratio as an Index for Cardiometabolic Risk in Adolescents: Results from the 1998-2008 KNHANES. Yonsei Med J 57:658-63, 2016.

30 Seo MY, Kim SH, Park MJ. Air pollution and childhood obesity. 앞의 논문.

31 Seo MY, Choi MH, Hong Y, Kim SH, Park MJ. Association of urinary chlorophenols with central obesity in Korean girls. Environ Sci Pollut Res Int 28:1966-1972, 2021.

32 Moon S, Seo MY, Choi K, Chang YS, Kim SH, Park MJ. Urinary bisphenol A concentrations and the risk of obesity in Korean adults. Sci Rep 15;11:1603, 2021.

33 Kim SH, Park MJ. Phthalate exposure and childhood obesity. Ann Pediatr Endocrinol Metab 19:69-75, 2014.

34 Kim SH, On JW, Pyo H, Ko KS, Won JC, Yang J, Park MJ. Percentage fractions of urinary di(2-

ethylhexyl) phthalate metabolites: Association with obesity and insulin resistance in Korean girls. PLoS One 27;13:e0208081, 2018.

35 Park MJ, Boston BA, Oh M, Jee SH. Prevalence and trends of metabolic syndrome among Korean adolescents: from the Korean NHANES survey, 1998-2005. J Pediatr 155;529~534, 2009.

36 Chae J, Seo MY, Kim SH, Park MJ. Trends and Risk Factors of Metabolic Syndrome among Korean Adolescents, 2007 to 2018. Diabetes Metab J 45:880-889, 2021.

37 Yoo EG, Park SS, Oh SW, Nam GB, Park MJ. Strong parent-offspring association of metabolic syndrome in Korean families. Diabetes Care 35:293-5, 2012.

38 Kim SH, Park MJ. Childhood obesity and pubertal development. 앞의 논문.

39 Kim SH, Moon JY, Sasano H, Choi MH, Park MJ. Body fat mass is associated with ratio of steroid metabolites reflecting 17,20-lyase activity in prepubertal girls. J Clin Endocrinol Metab 20:jc20162515, 2016.

40 김신혜, 박미정. 소아청소년 비만의 관리. J Korean Med Assoc 60:233-241, 2017.

41 Kim SH, Song YH, Park SS, Park MJ. Impact of lifestyle factors on trends in lipid profiles among Korean adolescents: The KNHANES study, 1998 and 2010. Korean J pediatr 59:65-73, 2016.

42 Jeong DY, Kim SH, Seo MY, Kang SY, Park MJ. Trends in Serum Lipid Profiles Among Korean Adolescents, 2007-2018. Diabetes Metab Syndr Obes 14:4189-4197, 2021.

43 Park JH, Kim SH, Park SS, Park MJ. Alanine Aminotransferase and Metabolic Syndrome in Adolescents: The KNHANES Study. Pediatric Obesity 9:411-8. 2013, 2014.

44 Im JG, Kim SH, Lee GY, Joung H, Park MJ. Inadequate calcium intake is highly prevalent in Korean children and adolescents: the Korea National Health and Nutrition Examination Survey (KNHANES) 2007-2010. Public Health Nutr 17:2489-95, 2014.

45 Kim SH, Oh MK, Namgung R, Park MJ. Prevalence of 25-hydroxyvitamin D deficiency in Korean adolescents: association with age, season and parental vitamin D status. Public Health Nutr 26:1-9, 2012.

46 김영호, 이선근, 김신혜, 송윤주, 정주영, 박미정. 한국 유아의 영양 섭취 현황: 2007~2009년 국민건강영양조사를 바탕으로. 대한소아소화기영양학회지 14: 161~170, 2011.

47 Jeon JH, Seo MY, Kim SH, Park MJ. Dietary supplement use in Korean children and adolescents, KNHANES 2015-2017. Public Health Nutr 24:957-964, 2021.